# 智能控制理论与技术

○ 周国娟 / 著

中国原子能出版社
China Atomic Energy Press

**图书在版编目(CIP)数据**

智能控制理论与技术 / 周国娟著. -- 北京 : 中国原子能出版社, 2019.12 (2021.9 重印)
ISBN 978-7-5221-0279-5

Ⅰ. ①智… Ⅱ. ①周… Ⅲ. ①智能控制 Ⅳ. ①TP273

中国版本图书馆CIP数据核字(2019)第274847号

---

**智能控制理论与技术**

---

| | |
|---|---|
| **出　　版** | 中国原子能出版社(北京市海淀区阜成路43号 100048) |
| **责任编辑** | 蒋焱兰(邮箱:ylj44@126.com QQ:419148731) |
| **特约编辑** | 王晓平　蒋泽迅 |
| **印　　刷** | 三河市南阳印刷有限公司 |
| **经　　销** | 全国新华书店 |
| **开　　本** | 880mm × 1230mm 1/32 |
| **印　　张** | 8.5 |
| **字　　数** | 260千字 |
| **版　　次** | 2019年12月第1版　　2021年9月第2次印刷 |
| **书　　号** | ISBN 978-7-5221-0279-5 |
| **定　　价** | 49.80元 |

---

出版社网址:http://www.aep.com.cn　E-mail:atomep123@126.com
发行电话:010-68452845

# 前言

O PREFACE

智能控制是一门新兴的交叉学科，它随着人工智能、自动控制、计算机技术和信息技术的发展而飞速发展。近几年来，在网络技术、信息技术与智能控制技术相互渗透和融合的发展情势下，智能控制大大拓展了其内涵和应用领域。

智能控制是借助于计算机模拟人对难以建立精确数学模型的复杂对象的智能控制决策行为，基于控制系统的输入输出数据的因果关系推理，实现对复杂对象计算机闭环数字控制的形式。它的广泛应用是实现我国经济增长模式快速转变的技术支撑和创新基础，在实现我国成为生产制造大国方面占据着重要地位。智能控制在国民经济和社会生活中的广泛推广，还有在各企业生产制造部门的普遍应用，将大幅度提高我国各行各业的劳动生产率。智能控制技术可以节约能源，改善劳动条件，减轻劳动强度，并且提高生产产量，稳定产品质量和降低生产成本，为国内外的市场提供优质价廉的商品。

智能控制的产生、应用和发展也经历了一个漫长的发展过程。智能控制被誉为继经典控制、现代控制理论之后创立的第三代控制理论，它研究应用计算机模拟人类智能，对难以建模的复杂对象进行自动控制的理论、方法与技术。目前，智能控制主要应用于机器人控制、现代制造系统、航空航天控制等。

近年来，智能控制技术在国内外已有了较大的发展，已进入工程化、实用化的阶段。但作为一门新兴的理论技术，它还处在一个发展时期。然而，随着人工智能技术，计算机技术的迅速发展，智能控制必将迎来的一个发展的全新时期。

# 目 录

O CONTENTS

# 第一章 智能控制综述

## 第一节 从传统控制到智能控制

### 一、自动控制的基本问题

#### (一)自动控制的概念

所谓控制,就是控制(调节)可支配的自由度(调节变量)使系统(对象或过程)达到可接受的运行状态。

自动控制是指在无人参与的情况下,利用控制装置使被控对象按期望的规律自动运行或保持状态不变。例如,利用离心球对蒸汽机速度的控制,浮球机构对水箱水位的控制,对卫星、飞船、空间站、航天飞机等航天器飞行轨道与姿态的精确控制等。从家用空调、冰箱的温度控制,到工业过程控制,再到现代武器系统、运载工具及深空探测等都离不开自动控制。

被控对象期望的运行规律通常称为给定信号(输入信号),一般分为三类:一是阶跃信号,即给定一个常值信号,使被控对象的输出保持某常值或某状态不变;二是斜坡信号,使被控对象的输出跟踪给定的斜坡信号;三是任意变化的信号,如斜坡信号和阶跃信号的任意组合,或正弦周期信号等。

自动控制系统根据输入为阶跃信号、斜坡信号和任意信号三种基本形式，分别称为自动调节系统（自动调整系统、恒值调节系统）、随动系统（跟踪系统、伺服系统）和自动控制系统，统称为自动控制系统。

**（二）自动控制的目的及要求**

人们期望通过自动控制不断地减轻人的体力和脑力劳动强度，提高控制效率和控制精度，提高劳动生产率和产品质量；通过远离危险对象进行遥控实现自动化。总之，通过自动控制可以实现自动化，实现机器逐步代替人的智力，走向智能自动化。

人们总是期望在输入信号的作用下，使被控对象能快速、稳定、准确地按预定的规律运行或保持状态不变。即使在有干扰和被控对象参数变化的不利情况下，控制作用仍能保持系统以允许的误差按预定的规律运行。因此，可以把对自动控制的基本要求概括为快速性、稳定性和准确性，简言之"快、稳、准"。

**（三）自动控制中的矛盾问题**

要想通过自动控制系统实现对被控对象"快、稳、准"的控制，这三个指标之间往往存在着矛盾。要快，就要加大控制作用，易导致系统超调而不易稳定；要稳，就要限制控制作用，这样又会使控制过程变慢，也会降低稳态精度；要准，也要加大控制作用，但这样会出现较大超调而使响应时间变长。下面来分析一下控制过程中"快、稳、准"之间的矛盾问题。

被控对象无论是装置、过程，还是系统都是由物质构成的，物质的基本属性是具有一定的质量，因而具有惯性。因此，要使被控对象的运动过程不需要时间发生突变是不可能的。如果这样，就会要求控制的能量或功率无穷大，这是不现实的。此外，有些被控对象，如某些齿轮传动系统、化工反应过程等不允许变化太快，否则可能导致部件损伤或化学反应过程发生爆炸等。由于有些被控对象的时变性、非线性、不确定性及强干扰、死区等都不利于实现控制的“快、稳、准”。因此，自动控制是在约束的条件下，对被控对象施加控制，使其尽可能“快、稳、准”地按期望的规律运行或保持状态不变[①]。

解决控制过程中“快、稳、准”之间的矛盾问题，需要控制理论工作者应用不同控制理论和方法解决所要研究的共性问题。

## 二、自动控制的误差问题

### （一）反馈是自动控制的精髓

维纳在创立控制论的初期参加了火炮自动控制系统的研究工作，通过将火炮自动瞄准飞机与狩猎行为做类比，提出了反馈的新概念，概括了动物和机器中控制和通信的共同特征。他指出，目的性行为可用反馈来代替的精辟思想。因此，反馈是维纳控制论思想的精髓。

尽管维纳在创立控制论的过程中并没有直言运用了哲学思想，但他师从大哲学家罗素，有着深厚的哲学底蕴，他提出的反馈概念用于解决控制问题饱含着对立统一的哲学思想。由上述分析可知，被控系统的输出由于各种原因(对象参数变化、干扰等)总是企图背离给定的期望输出，即输入和输出之间构成了矛盾的双方，它们之间是对立的。既然输入和输出有矛盾，那么如何暴露出这一矛盾呢？维纳将输出反馈到输入一侧并比较二者的误差，这就是发现矛盾的过程。

①蔡自兴．智能控制导论[M]．北京：中国水利水电出版社，2007.

如何消除误差呢？这就是解决对立的矛盾双方如何统一的问题。设计一个以误差(还可包括误差的导数、积分等)为变量的控制律,通过控制器对被控对象不断地施加负反馈控制作用,使被控对象的输出与输入误差不断地减小,直到误差减小到工程上所允许的程度。

综上不难看出,通过反馈发现系统误差,利用误差等来设计某种控制律,进而通过控制器对被控对象不断地施加负反馈控制作用去消除误差,这个过程正是把输入和输出的矛盾双方统一起来的过程。基于误差去消除误差的负反馈控制思想遵循着矛盾双方对立统一的哲学思想。这种对立双方实现统一的过程,正是通过负反馈闭环控制自动实现的。也就是说,要想使矛盾对立的双方实现统一,就必须创造实现统一的转化条件。正如维纳指出,目的性行为可用反馈来代替,反馈就是矛盾对立双方实现统一的转化条件。所以说,没有反馈就没有自动控制。

**(二)反馈在闭环控制中的作用**

反馈在控制系统中用来改变系统的快速且稳定的动态行为,降低系统对扰动信号的不确定性和模型不确定性的灵敏度。根据自动控制原理开环系统引入负反馈后,通过对闭环传递函数的分析可给控制系统带来四点好处:①可以通过调节反馈环节的参数获得预期的瞬态响应,而开环控制则不能;②控制系统引入反馈后可以控制或部分消除外部干扰信号、噪声的影响;③反馈可以使灵敏度减小,即对被控对象参数变化更不敏感,这意味着反馈系统可以减少对象参数变化对输出的影响;④当开环增益足够大时,通过反馈可以实现高精度控制。

控制系统引入反馈后给控制系统带来的不利方面主要有两点:①反馈可以改变系统的动态性能,使系统响应加快,但稳定性降低甚至导致系统不稳定;②反馈使系统的总增益受损失。

**(三)反馈控制的基本模式**

1.比例控制

比例控制又称为比例反馈控制。比例控制器的输出信号正比于系统误差,误差一旦出现,比例控制就发生作用。为了使被控对象快速达到期望的状态,就需要很大的比例增益使控制作用足够大,以尽快克服对象的惯性。

若比例增益大,在相同误差量下,会有较大的输出。但若比例增益太大,会使系统不稳定。相反的,若比例增益小,若在相同误差量下,其输出较小,因此控制器会较不敏感。若比例增益太小,当有干扰出现时,其控制信号可能不够大,无法修正干扰的影响。

比例控制作用主要是快速消除大的误差,主要满足自动控制性能对"快"的要求。比例控制作用是最基本的控制作用,一般应保持经常性的工作。如图1-1所示。

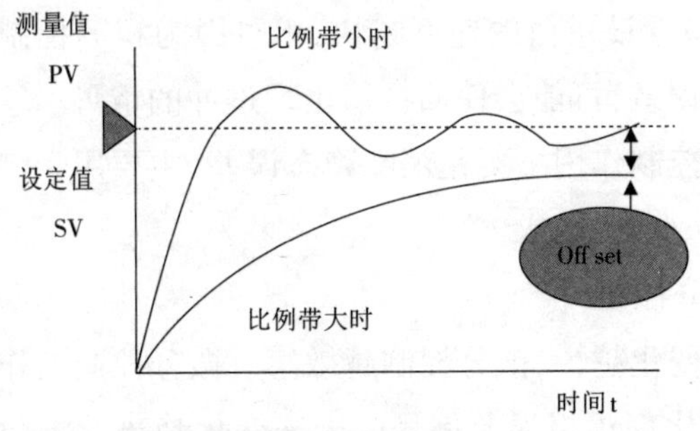


**图1-1 比例控制**

2. 积分控制

在控制作用中通过对误差信号的积分产生积分控制作用，去消除系统稳态误差，即使误差为零。由于积分控制作用，常值干扰信号也不会影响系统的稳态特性。通常将积分控制作用和比例控制作用联合使用，即所谓PI控制。如图1-2所示。

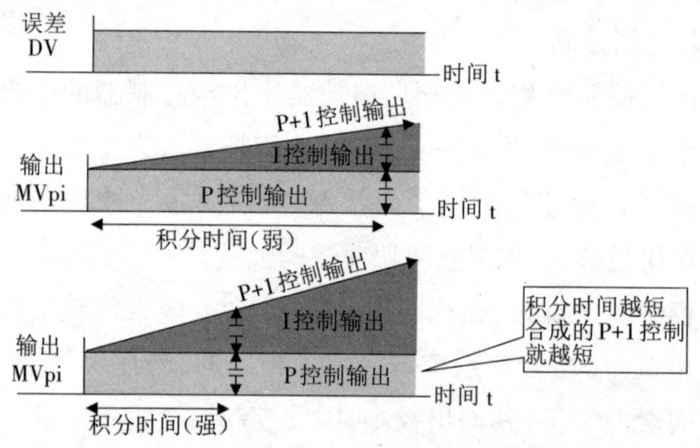


图1-2　积分控制

积分控制考虑过去误差，将误差值在过去一段时间和乘以一个正值的常数Ki。从过去的平均误差值来找到系统的输出结果和预定值的平均误差。积分控制会加速系统趋近设定值的过程，并且消除纯比例控制器会出现的稳态误差。积分增益越大，趋近设定值的速度越快，不过因为积分控制会累计过去所有的误差，可能会使回授值出现过冲的情形。

积分控制作用主要是消除稳态误差，主要用于满足自动控制性能对“准”的要求。

3. 微分控制

信号变化越快，微分控制越敏感。微分控制的作用是通过误差的变化率预报误差信号的未来变化趋势。将微分环节引入反馈回路可以改善控制系统的动态性能。例如,为了提高快速性,需要比例控制作用的增益取得很大,这样势必造成超调。微分控制环节敏感于输入信号的变化率,使微分控制作用不至于影响信号的快速性,却在很大程度上削弱了超调。微分控制作用不能单独使用,要与比例控制作用一起使用,即所谓PD控制。微分控制用于削弱比例控制造成的超调,主要满足自动控制性能对"稳"的要求。经典PID控制是基于误差的比例(P)、积分(I)和微分(D)的线性组合进行控制的,它们的控制作用分别源于误差的现在、过去和将来的信息。如图1-3所示。

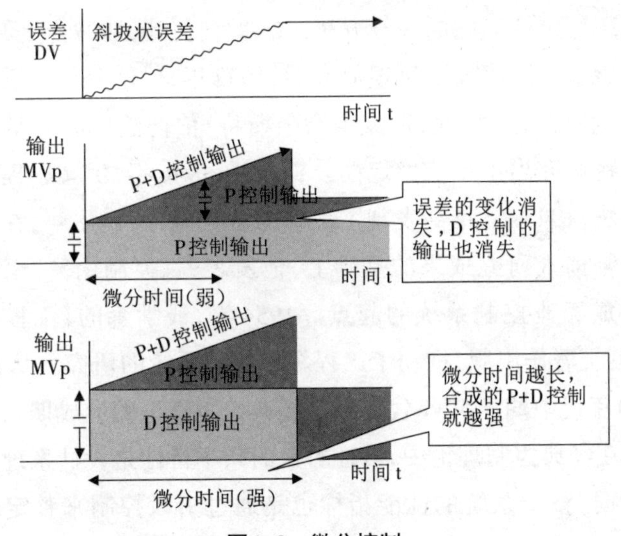


图1-3 微分控制

### 三、控制理论发展的历程

从1948年维纳创立控制论至今,尤其是近半个世纪以来,由于科学技术和生产力的迅猛发展,特别是计算机技术和自动化技术的飞速发展，推动了控制理论的快速发展。控制理论的发展历程可以概括为经典控制理论、现代控制理论和智能控制理论3个阶段。

**（一）经典控制理论**

自动控制思想的产生可追溯到18世纪中叶英国的第二次工业革命。在1769—1788年，瓦特发明蒸汽机和气球调节器。1868年，马科斯威尔为一类蒸汽机调节器建立数学模型，并完成了稳定性分析。劳斯在1872年，霍尔维兹在1890年，先后提出了系统稳定性的代数判据。1892年，俄国学者李雅普诺夫的《论运动稳定性的一般问题》博士论文提出，用能量函数研究系统稳定性问题的一般方法。20世纪初叶，1927年，美国贝尔实验室布莱克发明反馈放大器；1932年，伯德分析了反馈放大器，利用频率特性，形成了奈奎斯特·伯德法；同年，瑞典奈奎斯特研究出了系统稳定性分析方法；1946年，伊文思提出根轨迹法；1945年，维纳发现了反馈的重要概念；1948年，在系统地总结前人研究成果的基础上，他发表的《控制论》一书被作为形成经典控制系统的起点。1954年，钱学森的《工程控制论》英文著作出版，推动了工程领域控制系统的研究。从20世纪40年代中期至50年代末期是经典控制理论的形成期。

在经典控制理论中，被控对象的频率特性是设计系统的主要依据，整个系统的性能指标也是通过引入控制来整定开环系统频率特性的方法实现的。由于对象频率特性靠实验测试等手段获得，不可避免的带有不确定性，这导致经典控制理论所设计的控制器在很大程度上靠现场调试，才能得到满意的控制性能。

被称为第一代控制理论的经典控制理论主要应用频率法解决单输入单输出、线性定常系统的自动调节问题及单机自动化问题。对于低阶非线性系统，采用相平而法、描述函数法进行分析。

**(二)现代控制理论**

20世纪50年代末，随着数控技术的发展，需要解决批量生产自动化的问题。世界上第一颗人造地球卫星发射成功，由于航空航天领域的控制对象变得越来越复杂，迫切需要解决非线性、时变、分布参数、不确定性、多输入多输出系统分析、综合控制问题以及在某种目标函数下的优化控制问题。单纯依赖经典控制理论难以解决上述控制问题，迫切需要创立新的控制理论解决上述问题。加上这一时期计算机技术发展和现代数学的成就，使许多求解问题可以借助于计算机完成。例如，可以将难以求解的高阶微分方程化作一阶差分方程组，通过计算机迭代求解。

1956年，数学家庞特里亚金提出了极大值原理；同年，美国数学家贝尔曼提出了动态规划方法；1959年，美国数学家卡尔曼提出了著名的卡尔曼滤波器；1960年前后，控制工作者发现传递函数对于多变量系统往往只能反映系统输入输出之间的外部关系，而具有相同传递函数的不同系统可以有完全不同的内在结构。为了解决结构不确定性问题，卡尔曼在1960年又提出了能控性与能观性两个结构性新概念，揭示了线性控制系统许多属性间的本质联系，还提出具有二次型性能指标的线性状态反馈律与最优调节器等概念，从而建立了状态空间法。

在1960年国际自动控制联合会第一届大会上，卡尔曼相继发表了《控制系统的一般理论》和《线性估计和辨识问题的新成果》，奠定了现代控制理论的基础。在这次大会上，正式确定了“现代控制理论”的名称。因此1960年，被作为现代控制理论创立的标志年。

20世纪70年代，现代控制理论获得了迅速发展。瑞典奥斯特隆姆教授对随机控制、系统辨识、自适应控制和控制理论的代数方法等进行深入研究，为发展现代控制理论做出了重要贡献，并将它们成功应用于船舶驾驶、惯性导航、造纸、化工等领域。在自适应控制方面，法国郎道教授基于超稳定性理论成功地建立了模型参考自适应控制器和随机自校正调节器的设计方法和分析理论，并应用工程实践取得了卓著的成效。

20世纪80年代以来，创立了现代鲁棒控制，特别是$H_\infty$控制。与此同时，人们将微分几何、微分代数等数学方法引入非线性系统分析。利用微分几何方法在反馈线性化方面取得了许多成果。

为了解决非线性系统控制问题，现代控制理论都需要在状态空间中基于状态方程等数学模型为主要设计依据，依靠线性代数、微分几何以及最优化方法等严谨的数学工具，采用数学解析的手段来设计控制系统。然而实际非线性特性千差万别，能够实现反馈线性化的系统只是极少数。通常用机理推导建模或采用在线系统辨识动态模型的方法，都会存在建模的不精确性，包括噪声的随机性及未建模动态的不确定性等。加上计算机有限字长带来的舍入误差，在不断的辨识、迭代运算过程中，系统的误差往往积累到临界程度而易导致控制算法发散。即使所设计的控制系统运行正常时,其理论上预期的性能指标仍难以实现。而且基于现代控制理论设计的控制器,现场调试更为复杂,有时甚至显得无从下手。此外,当采用带有系统辨识的自适应控制时,由于辨识与控制算法计算复杂而需要较长时间,难以满足实时性要求苛刻的控制系统需求。当对复杂非线性系统采用线性化及忽略一些因素简化模型处理时,往往又会导致控制性能达不到要求。总之,线性鲁棒最优控制和非线性微分几何控制理论,在解决某些复杂非线性系统控制难题方面仍面临着严峻的挑战。

20世纪80年代初,国际控制界享有盛誉的(K.J.Astrom)教授认识到,已建立起来的系统辨识和自适应控制理论,在解决一些复杂非线性系统控制问题方面仍存在着严重缺陷。对于一些复杂非线性系统控制问题,他认为仅仅依靠传统建立的精确模型并通过计算机解析方式实现控制的方法是不可取的。于是,他提出将传统控制工程算法与启发逻辑相结合,研究并设计了专家控制系统的结构,为设计专家控制系统方面做出了贡献。

**(三)智能控制理论**

随着科学技术的发展,被控对象变得越来越复杂。被控对象的非线性、时变性、不确定性等使难以建立其精确数学模型,这就使基于被控对象精确数学模型的经典控制理论和现代控制理论受到了严峻的挑战。在缺少精确数学模型的情况下,如何进行自动控制呢?为了解决这样的控制问题,控制界的专家、学者在深入研究人工控制系统中人的智能决策行为的基础上,将人工智能和自动控制相结合,逐渐创立了智能控制理论。

20世纪60年代，由于空间技术、计算机技术和人工智能技术的发展，控制界学者探索将人工智能和模式识别技术同自动控制理论相结合。1965年，美国普渡大学傅京孙提出把人工智能中的启发式规则用于学习系统。此前，F.W.史密斯(F.W.Smith)提出，利用模式识别技术解决复杂系统的控制问题。1965年，加利福尼亚大学扎德教授创立了模糊集合论，为解决复杂系统的控制问题提供了模糊逻辑推理工具。同年，孟德尔(Mendel)将人工智能技术用于空间飞行器的学习控制，提出人工智能的概念。1967年，利昂德斯(Leondes)和孟德尔(Mendel)首次使用智能控制。可见20世纪60年代是智能控制的初创期。

20世纪70年代初，傅京孙、格洛里(Gloris)和萨迪斯(Saridis)等从控制论角度总结了人工智能技术与自适应、自组织、自学习控制的关系，先后提出智能控制是人工智能技术与自动控制理论的交叉，是人工智能与自动控制和运筹学的交叉，并创立了递阶智能控制的结构。1974，年英国马丹尼博士研制了第一个模糊控制器，用子控制实验室蒸汽发动机控制。

1979年，他又成功研制了自组织模糊控制器。模糊控制与专家系统相结合推动来了模糊专家系统研究的进一步发展及应用。

20世纪80年代初，1982年，福克斯(Fox)等研制车间调度专家系统。1983年，Saridi把智能控制用于机器人控制。1984年，LISP公司成功开发分布式实时过程控制专家系统PICON。

20世纪80年代中后期，由于人工神经网络研究获得了重要进展，提出了基于人工神经网络的智能控制设计思想。1987年，电气与电子工程师协会(Institute of Electrical and Electronic Engincers，IEEE)在美国召开第一次智能控制国际会议，这是控制理论发展到智能控制阶段的重要标志。

20世纪90年代，智能控制研究和应用出现热潮，模糊控制与神经网络先后用于工业过程、家电产品、地铁、汽车、机器人、直升机等领域。每年都有多个相关的国际学术会议召开。这些都表明，智能控制理论及应用在控制科学与工程中已经占有了重要地位。

21世纪以来，随着科学技术的迅速发展，人们对日益复杂对象的控制性能提出了越来越高的要求，智能控制正在向数字化、网络化方向发展，必将在自动化领域中发挥更大的作用。

## 第二节 智能控制的发展

### 一、控制理论应用面临新的挑战

从1932年奈奎斯特发表反馈放大器稳定性的论文以来，控制理论学科经历了前30年的经典控制理论的成熟和发展阶段以及后50年的现代控制理论的形成和发展阶段。

经典控制理论是一种单回路线性控制理论，只适用于单输入单输出控制系统，主要研究对象是单变量常系数线性系统，系统数学模型简单，基本分析和综合方法是基于频率法和图解法。20世纪60年代前后，由于计算机技术的成熟和普及，促使控制理论由经典控制理论向现代控制理论过渡。现代控制理论的形成使控制理论从深度和广度上进入一个崭新的发展时期，特点：①控制对象结构的转变。控制对象结构由简单的单回路模式向多回路模式转变，即从单输入单输出向多输入多输出转变。②研究工具的转变。一是积分变换法向矩阵理论、几何方法转变，由频率法转向状态空间的研究；二是计算机技术的发展使手工计算转向计算机计算。③建模手段的转变由机理建模向统计建模转变，开始采用参数估计和系统辨识的统计建模方法。

在工程应用方面，航天技术、信息技术和制造工业技术的革命，要求控制理论能处理更加复杂的系统控制问题，提供更加有效的控制策略。这些大型复杂的系统包括大型工业生产过程、计算机集成制造系统、柔性机器人系统和空间飞行的各类复杂设施等。这些系统既有系统运行行为和特征上的复杂性，也有不确定性导致的复杂性，同时也有系统多模式集成和控制策略方面的复杂性。对这类系统的研究设计以及到非线性、鲁棒性、具有柔性结构的系统和离散事件动态系统等，既需要对其进行相对独立的研究，也必须按照具体工程问题对其中几个方面集成加以研究。因此，对上述复杂系统的控制理论虽已进行了不同程度的研究。但总体来看，其研究十分有限，特别是那些难以用数学模型描述的问题，单纯的数学工具有时显得无能为力，这对控制理论应用无疑是一个新的挑战[①]。

①李士勇，李研．智能控制[M]．北京：清华大学出版社，2016.

## 二、智能控制的提出与发展

人们在生产实践中发现,一个复杂的传统控制理论似乎难以实现但是控制系统,却可以由一个操作工凭着丰富的实践经验得到满意的控制结果。如果这些熟练的操作工、技术人员或专家的经验知识能和控制理论结合,把它作为解决复杂生产过程的控制理论的一个补充手段,那将使控制理论解决复杂生产过程有一个突破性进展。客观上,计算机控制技术的发展为这种突破提供了有效的工具。计算机在处理图像、符号逻辑、模糊信息、知识和经验等方面的功能,完全可以承担起熟练的操作工、技术人员和专家的知识经验,使之达到或超过人的操作水平。这相当于人的知识经验直接参与生产过程的控制,这样的自动控制系统称为智能控制系统。

从20世纪60年代至今,智能控制的发展过程通常被化分为3个阶段:萌芽期、形成期和发展期。

1. 萌芽期

20世纪60年代初,史密斯首先采用性能模式识别器来学习最优控制方法,试图用模式识别技术来解决复杂系统的控制问题。

1965年,美国加利福尼亚大学伯克利分校的扎德教授提出模糊集合理论,为模糊控制奠定数学基础。同年,美国的费根鲍姆着手研制世界上第一个专家系统;美籍华裔模式识别与机器智能专家、普渡大学傅京逊教授提出,将人工智能中的直觉推理方法用于学习控制系统。

1966年,门德尔在空间飞行器学习系统中应用了人工智能技术,并提出了“人工智能控制”的概念。

1967年，利昂兹等人首先正式使用“智能控制”一词，并把记忆、目标分解等一些简单的人工智能技术用于学习控制系统，提高了系统处理不确定问题的能力。

2.形成期

20世纪70年代初，傅京逊等人从控制论的角度进一步总结了人工智能技术与自适应万自组织、自学习控制的关系。他正式提出，智能控制是人工智能技术与控制理论的交叉，并在核反应堆、城市交通的控制中成功地应用了智能控制技术。

20世纪70年代中期，智能控制在模糊控制的应用上取得了重要的进展。1974军，英国伦敦大学玛丽皇后分校的玛达尼教授把模糊理论用于蒸汽机控制，通过实验取得了良好的结果。

1977—1979年，萨里迪斯出版了专著《随机系统的自组织控制》，并发表了综述论女“朝向智能控制的实现”，全面地论述了从反馈控制到最优控制、随机控制至自适应控制、自组织控制、学习控制，最终向智能控制发展的过程，提出了智能控制的三元交集结构以及分层递阶的智能控制系统框架。1979年，玛达尼成功地研制出自组织模糊控制器，使模糊控制具有了较高智能。

3.发展期

20世纪80年代以来，微型计算机的迅速发展以及专家系统技术的逐渐成熟，使智能控制和决策的研究及应用领域逐步扩大，并取得了一批应用成果。

1982年，福克斯(Fox)等人完成了一个称为智能调度信息系统(Intelligent Scheduling Information System，ISIS)的加工车间

调度专家系统，该系统采用启发式搜索技术和约束传播方法，以减少搜索空间，确定最佳调度方法。

1983年，萨里迪斯把智能控制用于机器人系统；同年，美国西海岸人工智能风险企业发表了名为Reveal的模糊决策支持系统，在计算机运行管理和饭店经营管理方面取得了很好的应用效果。

1984年，LISP机械公司设计了用于过程控制系统的实时专家系统PICON。

1986年，M.拉蒂默（M.Lattimer）和莱特（Wright）等人开发的混合专家系统控制器Hexscon是一个实验型的基于知识的实时控制专家系统，用来处理军事和现代化工业中出现的控制问题；同年，鲁梅哈特和麦克莱郎德提出了多层前向神经网络的偏差反向传播算法，即BP算法，实现了有导师指导下的网络学习，从而为神经网络的应用开辟了广阔的前景。

1987年，美国福克斯波罗（Foxboro）公司公布了新一代IA智能控制系统。这种系统的出现体现了传感器技术、自动控制技术、计算机技术在生产自动化应用方面的综合先进水平，能够为用户提供安全可靠的、最合适的过程控制系统，这标志着智能控制系统已由研制、开发阶段转向应用阶段。

20世纪90年代以后，智能控制的研究势头异常迅猛，智能控制进入应用阶段，应用领域由工业过程控制扩展到军事、航天等高科技领域以及日用家电领域，如模糊洗衣机、模糊空调机等。专家系统的研究方兴未艾，各种专家系统陆续在许多行业得到应用，如石油价格预测专家系统、地震预报专家系统、水质勘测专家系统以及各种故障诊断专家系统等。与此同时,美国的赤赤克特·尼尔森(Hecht Nielsen)神经计算机公司已经开发了两代神经网络软硬件产品,美国国际商用机器(International Business Machine,IBM)公司推出的神经网络工作站也已进入市场,神经网络的发展也日新月异。

伴随着智能控制新学科形成条件的逐渐成熟,IEEE于1985年8月在纽约召开了第一届智能控制学术讨论会。之后,在IEEE控制系统学会内成立了IEEE智能控制专业委员会。

1987年1月,在美国费城由IEEE控制系统学会与计算机学会联合召开了智能控制国际会议。这是有关智能控制的第一次国际会议。这次会议的胜利召开表明,智能控制作为一门独立学科正式在国际上建立起来。此后,IEEE智能控制国际学术研讨会每年举行一次,促进了智能控制系统的研究。

### 三、智能控制的特点

智能控制不同于经典控制理论和现代控制理论的处理方法,控制器不再是单一的数学解析模型,而是数学解析模型和知识系统相结合的广义模型。概括地说,智能控制具有的基本特点:①智能控制系统一般具有以知识表示的非数学广义模型和以数学模型表示的混合控制过程。它适用于含复杂性、不完全性、模糊性、不确定和不存在已知算法的生产过程。它根据被控过程动态辨识,采用开闭环控制和定性与定量控制结合的多模态控制方式。②智能控制器具有分层信息处理和决策机构。该机构是对人的神经系统结构或专家决策机构的一种模仿。在复杂的大系统中,通常采用任务分块、控制分散方式实现系统控制。智能控制核心在高层控制时,对环境或过程进行组织、决策和规划,以实现广义求解。而底层控制也属智能控制系统不可缺少的一部分,一般采用常规控制。③智能控制器具有非线性。因为人的思维具有非线性,作为模仿人的思维进行决策的智能控制也应具有非线性特点。④智能控制器具有变结构特点。在控制过程中,在调整参数得不到满足时,应根据当前的偏差和偏差变化率的大小和方向,以跃变方式改变控制器的结构,以改善系统的性能。⑤智能控制器具有总体自寻优特点。由于智能控制器具有在线特征辨识、特征记忆和拟人特点,在整个控制过程中计算机在线获取信息和实时处理并给出控制决策,通过不断优化参数和寻找控制器的最佳结构形式,以获取整体最优控制性能。

## 四、智能控制的应用

### (一)在机器人控制中的应用

智能机器人是目前机器人研究中的热门课题。20世纪80年代初E.H.马丹尼(E.H.Mamdan)首次将模糊控制应用于一台实际机器人的操作臂控制。1975年J.S.阿尔布斯(J.S.Albus)提出小脑模型关节控制器,它是仿照小脑如何控制肢体运动的原理而建立的神经网络模型。采用基于小脑(Cerebellar Model Articulation Controller,CMAC),可实现机器人的关节控制,这是神经网络在机器人控制的一个典型应用。

目前工业上用的90%以上的机器人都不具有智能,随着机器人技术的迅速发展,需要各种具有不同程度智能的机器人。

### (二)在现代制造系统中的应用

现代先进制造系统需要依赖不够完备和不够精确的数据

来解决难以或无法预测的情况，人工智能技术为解决这一难题提供了有效的解决方案。制造系统的控制主要分为系统控制和故障诊断两大类。对于系统控制，采用专家系统的"Then-If"逆向推理作为反馈机构，可以修改控制机构或者选择较好的控制模式与参数。利用模糊集合和模糊关系的鲁棒性，将模糊信息集成到闭环控制外环的决策选取机构来选择控制动作。利用人工神经网络的学习功能和并行处理信息的能力，可以诊断计算机数控技术（Computerized Numerical Control，CNC）的机械故障。现代制造系统向智能化发展的趋势，是智能制造的要求。

### （三）在过程控制中的应用

过程控制是指石油、化工、冶金、轻工、纺织、制药、建材等工业生产过程的自动控制，是自动化技术的一个极其重要的方面。智能控制在过程控制上有着广泛的应用。在石油化工方面，1994年，美国的Gensym公司和Neuralware公司联合将神经网络用于炼油厂的非线性工艺过程。在冶金方面，日本的新日铁公司于1990年将专家控制系统应用于轧钢生产过程。在化工方面，日本的三菱化学合成公司研制出用于乙烯工程模糊控制系统。将智能控制应用于过程控制领域，是过程控制发展的方向。

### （四）在航空航天控制中的应用

1977—1986年，美国航空和宇航航行局（National Aeronautics and Space Administration，NASA）喷气推进研究所在"旅行者"号探测器上采用人工智能技术完成了精密导航和科学观测等任务，其上搭载的计算机收集和处理了木星和土星等多种不同数据。为探测器设计的由140个规则组成的知识库,可生成对行星摄影所需应用程序的专家系统,大幅度缩短了执行应用计划所需时间,减少了差错,降低了成本。此外,在航天飞机的检测、发射和应用等过程中也大量地采用了智能控制系统,包括加注液氧用的专家系统;执行飞行任务和程序修订用的专家系统;发射及着陆时的飞行控制系统;推理决策用的信息管理系统等。航空航天控制领域的特殊性,使智能控制发挥了巨大作用。

**(五)在广义控制领域中的应用**

从广义上理解自动控制,可以把它看作不通过人工干预而对控制对象进行自动操作或控制的过程,如股市行情、气象信息、城市交通、地震火灾预报数据等。这类对象的特点是以知识表示的非数学广义模型,或者含有不完全性、模糊性、不确定性的数学过程。对它们进行控制是无法用常规控制器完成的,而需要采用符号信息知识表示和建模,应用智能算法程序进行推理和决策。智能控制在广义控制领域中的应用是智能控制优越性的突出体现。

## 第三节 智能控制的基本知识

### 一、智能控制的定义与特点

正如人工智能和机器人学及其他一些高新技术学科一样,智能控制至今尚无一个公认的、统一的定义。然而,为了探究本学科的概念和技术，开发智能控制新的性能和方法，比较不同研究者和不同国家的成果，就要求对智能控制有某些共同的理解。

**（一）智能控制的定义**

下面三种关于智能控制的定义是被广泛接受的。主要有：①自动控制。自动控制是能按规定程序对机器或装置进行自动操作或控制的过程。简单地说，不需要人工干预的控制就是自动控制。例如，一个装置能够自动接收检测到的过程物理变量，自动进行计算，然后对过程进行自动调节就是自动控制装置。反馈控制、最优控制、随机控制、自适应控制、学习控制、模糊控制和进化控制等均属自动控制。②智能控制。智能控制是采用智能化理论和技术驱动智能机器实现其目标的过程。或者说，智能控制是一类无需人的干预就能够独立地驱动智能机器实现其目标的自动控制。智能化理论和技术包括传统人工智能和所谓"计算智能"的理论和技术。对自主机器人的控制就是一例。③智能控制。系统用于驱动智能机器以实现其目标而无需操作人员干预的系统称为智能控制系统。智能控制系统的理论基础是人工智能、控制论、运筹学和信息论等学科的交叉。

**（二）智能控制的特点**

智能控制具有的特点：①智能控制同时具有以知识的非数学广义模型和数学模型表示的混合控制过程，或者是模仿自然和生物行为机制的计算智能算法，也往往是那些含有复杂性、不完全性、模糊性或不确定性以及不存在已知算法的过程，并以知识进行推理，以启发式策略和智能算法来引导求解过程。智能控制系统的设计重点不在常规控制器上，而在智能机模型或计算智能算法上。②智能控制的核心在高层控制,即组织级。高层控制的任务在于对实际环境或过程进行组织,即决策和规划,实现广义问题求解。为了实现这些任务,需要采用符号信息处理、启发式程序设计、仿生计算、知识表示以及自动推理和决策等相关技术。这些问题的求解过程与人脑的思维过程或生物的智能行为具有一定的相似性,即具有不同程度的"智能"。当然,低层控制级也是智能控制系统必不可少的组成部分。③智能控制的实现,一方面要依靠控制硬件、软件和智能的结合,实现控制系统的智能化;另一方面要实现自动控制科学与计算机科学、信息科学、系统科学、生命科学以及人工智能的结合,为自动控制提供新思想、新方法和新技术。④智能控制是一门边缘交叉学科。实际上,智能控制涉及更多的相关学科。智能控制的发展需要各相关学科的配合与支援,同时也要求智能控制工程师是个知识工程师。⑤智能控制是一个新兴的研究领域。智能控制学科的建立才20多年,仍处于年轻时期,无论在理论上或实践上都还很不成熟、很不完善,需要进一步探索与开发[①]。

## 二、智能控制器的一般结构

智能控制器的设计具有的特点:①具有以微积分(DIC)表示和技术应用语言(Technical Application Language,LTA)的混合系统方法,或具有仿生、仿人算法表示的系统;②采用不精确的和不完全的装置分级(递阶)模型;③含有多传感器递送的分级和不完全的外系统知识,并在学习过程中不断加以辨识、整理和更新;④把任务协商作为控制系统以及控制过程的

①韩璞. 智能控制理论及应用[M]. 北京:中国电力出版社,2012.

一部分来考虑。

在上述讨论的基础上给出智能控制器的一般结构，如图1-4所示。

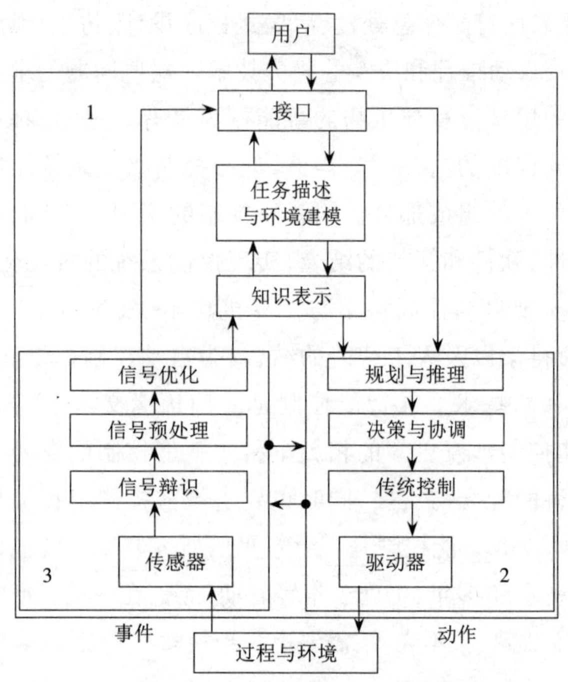


图1-4　智能控制器的一般结构

当前已经开发出许多智能控制理论与技术用于具体控制系统，如分级控制理论、递阶控制器设计的熵方法、智能逐级增高而精度逐级降低原理以及控制器设计的仿生和拟人方法等。在这些应用范例中，取得不少具有潜在应用前景的成果，如群控理论、模糊理论、系统理论和免疫控制等。许多控制理论的研究是针对控制系统应用的：自学习与自组织系统、神经网络、基于知识的系统、语言学和认知控制器以及进化控制等。

## 三、智能控制系统的分类

科学技术学科的分类问题,本是十分严谨的学问,但对于一些新学科却很难恰切地对其进行分类或归类。例如,至今多数学者把人工智能看作计算机科学的一个分支,但从科学长远发展的角度看,已经有人把人工智能归类于智能科学的一个分支。智能控制也尚无统一的分类方法。目前主要按其作用原理进行分类,可分为下列八种系统。

### (一)递阶控制系统

递阶智能控制是在研究早期学习控制系统的基础上,并从工程控制论的角度总结人工智能与自适应、自学习和自组织控制的关系之后而逐渐形成的,也是智能控制的最早理论之一。递阶智能控制还与系统学及管理学有密切关系。

由萨里迪斯提出的分级递阶智能控制方法作为控制系统的一种认知方法论,其控制智能是根据分级管理系统中十分重要的"精度随智能提高而降低"原理而分级分配的。这种递阶智能控制系统是由组织级、协调级和执行级三级组成的。

### (二)专家控制系统

另一种比较重要的智能控制系统为专家控制系统,它是把专家系统技术和方法以及控制机制,尤其是工程控制论的反馈机制有机结合而建立的。专家控制系统已广泛应用于故障诊断、工业设计和过程控制,是为解决工业控制难题而提供的一种新的方法,是实现工业过程控制的重要技术。专家控制系统一般由知识库、推理机、控制规则集和控制算法等组成。专家系统与智能控制的关系是十分密切的。它们有着明显的共性,所研究的问题一般都具有不确定性,都是由以模仿人类智能为基础的工程控制论与专家系统相结合而形成的专家控制系统。

**（三）模糊控制系统**

模糊控制是一类应用模糊集合理论的控制方法。模糊控制的有效性可从两个方面来考虑：一方面，模糊控制提供了一种实现基于知识和基于规则的甚至语言描述的控制规律的新机理；另一方面，模糊控制提供了一种改进非线性控制器的替代方法，这些非线性控制器一般用于控制含有不确定性和难以用传统非线性控制理论处理的装置。模糊控制器由模糊化、规则库、模糊推理和模糊判决4个功能模块组成。模糊控制已获得十分广泛的应用。

**（四）学习控制系统**

学习是人类的主要智能之一。在人类的进化过程中，学习功能起着十分重要的作用。学习控制正是模拟人类自身各种优良的控制调节机制的一种尝试。

学习作为一种过程，它通过重复各种输入信号，并从外部校正该系统，从而使系统对特定输入具有特定响应。自学就是不具有外来校正的学习，没有给出关于系统反应正确与否的任何附加信息。因此，学习控制系统可概括为学习控制系统是一个能在其运行过程中逐步获得受控过程及环境的非预知信息，积累控制经验，并在一定的评价标准下进行估值、分类、决策和不断改善系统品质的自动控制系统。

**（五）神经控制系统**

基于人工神经网络的控制，简称神经控制，是智能控制的一个较新的研究方向。20世纪80年代后期以来，随着人工神经网络研究的复苏和发展,对神经控制的研究也十分活跃。这方面的研究进展主要在神经网络自适应控制和模糊神经网络控制及其在机器人控制中的应用上。

神经控制是个很有希望的研究方向。由于神经网络具有一些适合于控制的特性和能力,如并行处理能力、非线性处理能力、通过训练获得学习能力以及自适应能力等。因此,神经控制特别适用于复杂系统、大系统和多变量系统的控制。

**(六)仿生控制系统**

从某种意义上说,智能控制就是仿生和拟人控制,模仿人和生物的控制机构、行为和功能所进行的控制。神经控制、进化控制、免疫控制等都是仿生控制,而递阶控制、专家控制、学习控制和仿人控制等则属于拟人控制。

在模拟人的控制结构的基础上,进一步研究和模拟人的控制行为与功能,并把它用于控制系统,实现控制目标,就是仿人控制。仿人控制综合了递阶控制、专家控制和基于模型控制的特点,实际上可以把它看作一种混合控制。

生物群体的生存过程普遍遵循达尔文的“物竞天择、适者生存”的进化规律。群体中的个体根据对环境的适应能力而被大自然所选择或淘汰。生物通过个体间的选择、交叉、变异来适应大自然环境。把进化计算,特别是遗传算法机制和传统的反馈机制用于控制过程,则可实现一种新的控制——进化控制。

自然免疫系统是一个复杂的自适应系统,能够有效地运用各种免疫机制防御外部病原体的入侵。通过进化学习,免疫系统对外部病原体和自身细胞进行辨识。把免疫控制和计算方法用于控制系统,即可构成免疫控制系统。

### (七)集成智能控制系统

把几种不同的智能控制机理和方法集成起来而构成的控制,称为集成智能控制或复合智能控制,其系统则称为集成智能控制系统。集成智能控制集各种智能控制方法的长处,弥补各自的短处,是一种控制良策。模糊神经控制、神经学习控制、神经专家控制、自学习模糊神经控制、遗传神经控制、进化模糊控制以及进化学习控制等都属于集成智能控制。

### (八)组合智能控制系统

把智能控制与传统控制有机地组合起来,即可构成组合智能控制系统。组合智能控制能够集智能控制方法和传统控制方法各自的长处,弥补各自的短处,也是一种很好的控制策略。例如,模糊比例、积分、微分(proportion integral differential, PID)控制、神经自适应控制、神经自校正控制、神经最优控制、模糊鲁棒控制等就是组合智能控制的例子。严格地说,各种智能控制都有反馈机制起作用,因此都可看作组合智能控制。

# 第四节　智能控制系统的研究方向和趋势

## 一、智能控制系统的研究方向

智能控制是自动化科学的崭新分支,在自动控制理论体系中具有重要的地位。目前,智能控制科学的研究十分活跃,研究方向主要有以下五个方面。

### (一)智能控制的基础理论和方法研究

鉴于智能控制是多学科交叉边缘学科,结合相关学科的研究成果,研究新的智能控制方法论,对智能控制的进一步发展具有重要的作用,可以为设计新型的智能控制系统提供支持。

### (二)智能控制系统结构研究

智能控制系统结构研究包括基于结构的智能系统分类方式和新型的智能控制系统结构的探寻。

### (三)智能控制系统的性能分析

智能控制系统的性能分析包括不同类型智能控制系统的稳定性、鲁棒性和可控性分析等。

### (四)高性能智能控制器的设计

近年来,由于人工生命研究不断深入,进化算法、免疫算法等高性能优化方法开始涉及控制器的设计,推动了高性能智能控制器的研究。

### (五)智能控制与其他控制方法结合的研究

智能控制与其他控制方法结合的研究包括模糊神经网络控制、模糊专家控制、神经网络学习控制、模糊 PID 控制、神经网络鲁棒控制、神经网络自适应控制等,成为智能控制理论及应用的热点方向之一。

## 二、智能控制系统的发展趋势

智能控制作为一门新兴学科,还没有形成一个统一完整的理论体系。智能控制研究所面临的、最迫切的问题:对于一个给定的系统如何进行系统的分析和设计。所以将复杂环境建模的严格数学方法研究同人工智能中“计算智能”的理论方法研究紧密结合起来，有望使智能控制系统的研究出现崭新局面[①]。

具体的对策：①对智能控制理论的进一步研究，尤其是智能控制系统稳定性分析的理论研究。②结合神经生理学、心理学、认识科学、人工智能等学科的知识，深入研究人类解决问题时的经验、策略，建立更多的智能控制体系结构。③研究适合现有计算机资源条件的智能控制方法。④研究人机交互式的智能控制系统和学习系统，以不断提高智能控制系统的智能水平。⑤研究适合智能控制系统的软、硬件处理机，信号处理器、智能传感器和智能开发工具软件，以解决智能控制在实际应用中存在的问题。

①董海鹰．智能控制理论及应用[M]．北京：中国铁道出版社，2016.

# 第二章 智能控制理论

## 第一节 智能控制理论的基本内容

### 一、智能控制的基本概念

#### (一)智能控制的概念

“智能控制”包含“智能”与“控制”两个关键词。控制一般是自动控制的简称,而自动控制通常指反馈控制。因此,“智能控制”即为“智能反馈控制”。因此,智能控制遵循着反馈控制的基本原理,它是基于智能反馈的自动控制。智能控制系统是自动控制系统与智能系统的融合。“智能控制”中的“智能”从何而来?这里的“智能”是“人工智能”的简称。因此,智能只能从计算机模拟人的智能行为中来。

人脑具有不寻常的智能性,能以惊人的高速度解释感觉器官传来的含糊不清的信息。它能感觉到喧闹房间内的窃窃耳语,能够识别出光线暗淡的胡同中的一张面孔,也能识别某项声明中的某种隐含意图。最令人佩服的是人脑不需要任何明白的讲授,便能学会创造,使这些技能成为可能的内部表示。

从以上对人脑及其感官智能行为的生动描述不难看出,人的智能来自于人脑和人的智能(感觉)器官——视觉、听觉、嗅觉和触觉。因此,人的智能是通过智能器官从外界环境及要解决的问题中获取信息、传递信息、综合处理信息,运用知识和经验进行推理决策、解决问题过程中表现出来的区别于其他生物高超的智慧和才能的总和。

人的智能主要集中在大脑,但大脑又是靠眼、耳、鼻、皮肤等智能感觉器官从外界获取信息并传递给大脑,供其记忆、联想、判断、推理、决策等。为了模拟人的智能控制决策行为,就必须通过智能传感器获取被控对象输出的信息,并通过反馈传递给智能控制器,做出智能控制决策。

研究表明,人脑左半球主要同抽象思维有关,体现有意识的行为,表现为顺序、分析、语言、局部、线性等特点;人脑右半球主要同形象思维有关,具有知觉、直觉和空间有关,表现为并行、综合、总体、立体等特点。

人类高级行为首先是基于知觉,然后才能通过理性分析取得结果,即先由大脑右半球进行形象思维,然后通过左半球进行逻辑思维,再通过拼脉体联系并协调两半球思维活动。维纳在研究人与外界相互作用的关系时曾指出:"人通过感觉器官感知周围世界,在脑和神经系统中调整获得的信息。经过适当的存储、校正、归纳和选择(处理)等过程进入效应器官反作用于外部世界(输出),同时也通过像运动传感器末梢这类传感器再作用于中枢神经系统,将新接受的信息与原储存的信息结合在一起,影响并指挥将来的行动。"

**(二)智能模拟的三种途径**

美国乔治教授在《控制论基础》一书中指出:"控制论的基本问题之一就是模拟和综合人类智能问题,这是控制论的焦点”。著名的过程控制专家F.G.欣斯基指出，“有一句时常引用的格言：如果你不能用手动去控制一个过程，那么你就不能用自动去控制它。”通过大量实验发现。在得到必要的操作训练后，由人实现的控制方法是接近最优的，这个方法不需要了解对象的结构参数，也不需要最优控制专家的指导[①]。

萨迪斯(Saridis)曾在《论智能控制》一文中指出，向人脑(生物脑)学习是唯一的捷径。

智能控制归根到底是要在控制过程中模拟人的智能决策方式，模拟人的智能实质上是模拟人的思维方式。人的思维形式是概念、判断和推理，人的思维类型可分为三种：抽象思维(逻辑思维)，形象思维(直觉思维)，灵感思维(顿悟思维)。

智能控制中的智能是通过计算机模拟人类智能产生的人工智能，通常利用计算机模拟人的智能行为有以下三种途径。

1.符号主义——基于逻辑推理的智能模拟

符号主义是从分析人类思维过程(概念、判断和推理)出发，把人类思维逻辑加以形式化，并用一阶谓词加以描述问题求解的思维过程。基于逻辑的智能模拟是对人脑左半球逻辑思维功能的模拟，而传统的二值逻辑无法表达模糊信息、模糊概念。因此，扎德(Zadeh)创立的模糊集合成为模拟人脑模糊思维形式的重要数学工具。把模糊集合理论同自动控制理论相结合，便形成了模糊控制理论。

2.联接主义——基于神经网络的智能模拟

联接主义是从生物、人脑神经系统的结构和功能出发，认为神经元是神经系统结构和功能的基本单元，人的智能归结

①李诚. 拟人智能控制理论研究与应用[D]. 北京：北京航空航天大学，2005.

为联接成神经网络的大量神经元协同作用的结果。这种通过网络形式模拟在一定程度上模拟大脑右半球形象思维的功能。把神经网络理论同自动控制理论相结合,便形成了神经网络控制理论。

3.行为主义——基于感知—行动的智能模拟

行为主义从人的正确思维活动离不开实践活动的基本观点出发,认为人的智能是由于人与环境在不断交互作用下,人在不断适应环境的过程中,逐渐积累经验,不断提高感知—行动结果的正确性。从广义上讲,行为主义可以看作人在不断的感知—行动过程中体现出的不断进化的智能决策行为。将控制专家的控制知识、经验及控制决策行为同控制理论相结合,便形成了专家控制、仿人智能控制理论。

设计一个好的智能控制系统,不仅要有好的智能控制决策,而且还要应用智能优化方法在线自适应地优化控制器的结构及参数。

## 二、智能控制的多学科交叉

1971年,傅京孙把智能控制作为自动控制(automatic control,AC)与人工智能(artificial intelligence,AI)的交叉;1977年,萨迪斯(Saridis)又把运筹学(operational research,OR)加入其中,即把智能控制看作是自动控制和人工智能、运筹学的交叉;1987年,蔡自兴又将信息论(information technology,IT)加入其中,把智能控制看作是自动控制、人工智能、信息论和运筹学的交集。通过深入分析智能控制的多学科交叉结构后,李士勇认为,自动控制是通过系统得以实现的,因此系统论(system theory,ST)也应该加在其中,而控制论又涵盖了自动控制,可用控制论取代自动控制。这样,智能控制就是控制论、系统论、信息论、人工智能与运筹学五个学科的交叉。

应该指出,传统的运筹学往往是一种基于精确数学模型的优化技术,而智能控制的对象往往缺乏精确的数学模型。因此,在智能控制中用于优化控制器的结构和参数目前多采用不基于精确数学模型的计算智能(computationou intelligenle,CI)优化方法。如果用计算智能优化取代传统的运筹学方法,则智能控制是控制论与系统论、信息论、人工智能、计算智能的五元交集结构。

为什么要将智能控制学科看作五个学科交叉融合?维纳创立控制论后,控制论的原理和方法被运用于工程技术领域而形成的工程控制论,后来被人们广泛理解为自动控制理论。众所周知,从一个自动控制系统的组成及工作原理可以看出,它首先应用到了系统论中系统的概念,因为由被控对象、传感器、控制器等构成一个系统,而通过传感器从被控对象输出获得信息,为控制器做控制决策提供依据。不难看出,通过反馈把对象(包含执行机构的广义对象)、传感器与控制器联系在一起构成闭环系统,使它们相互作用,相互制约,完成控制的任务。

智能控制的五元交集结构 IC=CT∩ST∩IT∩AI∩CI 可通过图 2-1 形象地加以表示。

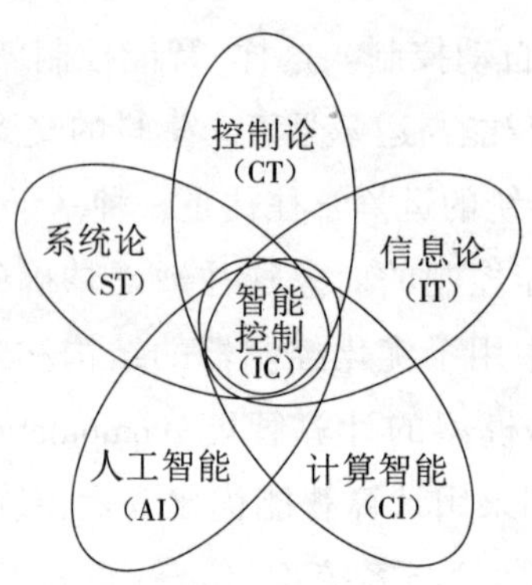


图2-1　智能控制的五元结构

## 三、智能控制的基本原理

为了说明智能控制的基本原理，先来回顾一下经典控制与现代控制系统设计的基本思想。

经典控制理论在设计控制器时，需要根据被控对象的精确数学模型来设计控制器的参数。当不满足控制性能指标时，通过设计校正环节改善系统的性能。因此，经典控制理论适用于单变量、线性时不变或慢时变系统，当被控对象的非线性、时变性严重时，经典控制理论的应用受到了限制。

现代控制理论的控制对象已拓宽为多输入多输出、非线性、时变系统，但它还需要建立精确描述被控对象的状态模型，当对象的动态模型难以建立时，往往采取在线辨识的方法。由于在线辨识复杂非线性对象模型，存在难以实时实现及难以收敛等问题，面对复杂非线性对象的控制难题，现代控制理论也受到了挑战。

上述传统的经典控制、现代控制理论，它们都是基于被控对象精确模型来设计控制器，当模型难以建立或建立起来复杂得难以实现时，这样的传统控制理论就无能为力。传统控制系统设计研究重点是被控对象的精确建模，而智能控制系统设计思想将研究重点由被控对象建模转移为智能控制器。设计智能控制器去实时地逼近被控对象的拟动态模型，从而实现对复杂对象的控制。实质上，智能控制器是一个万能逼近器，它能以任意精度去逼近任意的非线性函数。或者说，智能控制器是一个通用非线性映射器，它能够实现从输入到输出的任意非线性映射。实际上，模糊系统、神经网络和专家系统就是实现万能逼近器的三种基本形式。

如图2-2给出了经典控制和现代控制与智能控制的原理上对比示意图，其中经典控制以PID控制例，现代控制以自校正控制为例，智能控制以模糊控制或神经控制为例。

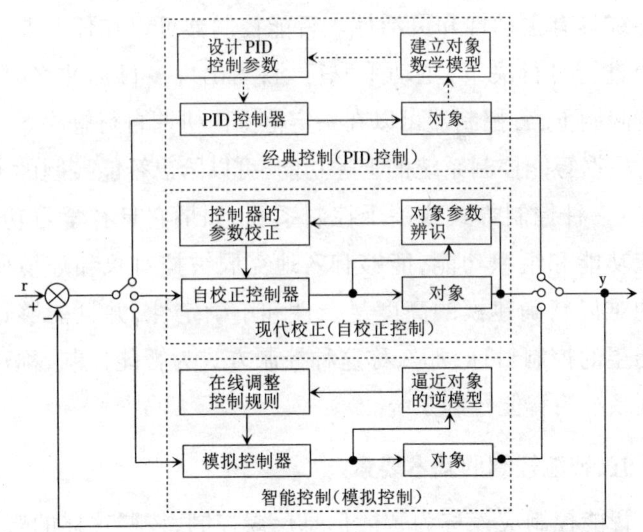


图2-2　经典控制和现代控制与智能控制的原理上对比示意

## 四、智能控制的基本功能

智能控制系统功能概括下面三点。

### (一)学习功能

系统对一个过程或未知环境所提供的信息进行识别、记忆、学习并利用积累的经验进一步改善系统的性能,这种功能与人的学习过程相类似。

### (二)适应功能

这种适应能力包括更高层次的含意,除包括对输入输出自适应估计外,还包括故障情况下自修复等。

### (三)组织功能

对于复杂任务和分布的传感信息具有自组织和协调功能,使系统具有主动性和灵活性。智能控制器可以在任务要求范围内进行自行决策,主动采取行动;当出现多目标冲突时,在一定限制下,各控制器可以在一定范围内协调自行解决。

根据智能控制系统的上述功能,可以给出智能控制的下述定义:一种控制方式或一个控制系统,如果它具有学习功能、适应功能和组织功能,能够有效地克服被控对象和环境所具有的难以精确建模的高度复杂性和不确定性,并且能够达到所期望的控制目标,那么称这种控制方式为智能控制,称这种控制系统为智能控制系统。

## 五、智能控制的基本要素

智能控制应该称为智能信息反馈控制,按照这样的观点,智能控制中的基本要素是智能信息、智能反馈、智能决策。为什么在传统控制的信息、反馈和控制(决策)三要素的前面都冠以智能二字,这不是简单的修饰,而是有着其深刻的内涵。

信息在智能控制中占有十分重要的地位,信息虽然既不是物质也不是能量,但是它的本质特征是知识的内涵。在这个意义上可以说信息是知识的载体,智能控制系统中专家的直觉、经验等也间接地反映了人的智能,所以可以把智能控制中的有用信息理解为“智能”的载体,这样就比较容易理解智能信息的含义了。

为了获得智能信息,必须进行信息特征的识别,并进行加工和处理,以便获得有用的信息去克服系统的不确定性。

根据获得的智能信息进行控制决策,反馈是不可缺少的重要环节,智能反馈比传统反馈更加灵活机动。它是根据控制系统动态过程的需要,采用加反馈或不加反馈、加负反馈或加正反馈、反馈增强或反馈减弱等。这些特征都具有仿人智能的特点,因此称为智能反馈。

智能决策即指智能控制决策,这种决策方式不限于定量的,还包括定性的,更重要的是采用定性和定量综合集成进行决策,这是一种模仿人脑右半球形象思维和左半球抽象思维综合决策方式。做决策的过程也就是智能推理的过程。此外,从广义上讲,智能决策还包括智能规划等内容。

从集合论的观点,可以把智能控制和它的三要素关系:[智能信息]∩[智能反馈]∩[智能决策]=智能控制。

## 六、智能控制系统的结构

### (一)智能控制系统的基本结构

智能控制系统分为智能控制器和外部环境两大部分,如图2-3所示。其中,智能控制器由六部分组成:智能信息处理识别、智能规划和智能决策、认知学习、控制知识库、智能推理;

外部环境由广义被控对象、传感器和执行器组成，还包括外部各种干扰等不确定性因素。

智能控制系统结构比传统控制系统的结构复杂，主要是增加了智能信息获取、智能推理、智能决策等功能，目的在于更有效地克服被控对象及外部环境存在的多种不确定性。

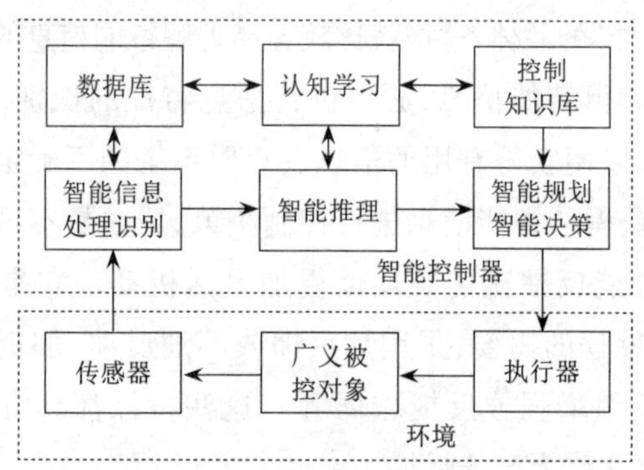


图2-3　智能控制系统的结构

**(二)基于信息论的递阶智能控制结构**

智能控制对象(过程)一般都比较复杂，尤其是对于大的复杂系统，通常采用分级递阶的结构形式。

1977年萨迪斯(Saridis)以机器人控制问题为背景，提出了智能控制系统的三级递阶的结构形式，如图2-4所示。三级递阶结构分别是组织级、协调级和执行级。

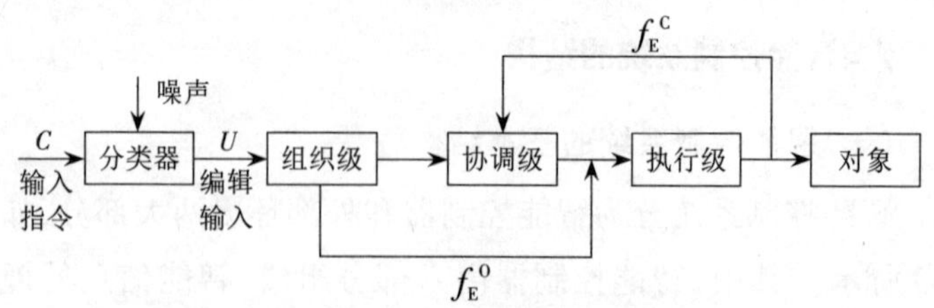


图2-4　智能控制的递阶结构

组织级是智能控制系统的最高智能级,其功能为推理、规划、决策和长期记忆信息的交换以及通过外界环境信息和下级反馈信息进行学习等。实际上组织级也可以认为是知识处理和管理,其主要步骤是由论域构成,按照组织级中的顺序定义。给每个活动指定概率函数,并计算相应的嫡,决定动作序列。

协调级是作为组织级和执行级之间的接口,其功能是根据组织级提供的指令信息进行任务协调。协调级是将组织信息分配到下面的执行级,它基于短期存储器完成子任务协调、学习和决策,为控制级指定结束条件和罚函数并给组织级反馈通信。

## 七、智能控制的类型

国内外控制界学者普遍认为,智能控制主要包括三种基本形式:模糊控制、神经控制和专家控制,又被分别称为基于模糊逻辑的智能控制,基于神经网络的智能控制和专家智能控制系统。此外,分层递阶智能控制、学习控制和仿人智能控制也被国内多数学者认为属于智能控制的其他三种形式。

将进化计算、智能优化同智能控制相结合,形成了智能优化算法与智能控制融合的多种形式。将网络技术、智能体技术等同智能控制相结合,产生了基于网络的智能控制和基于多智能体的智能控制等。随着人工智能技术、智能优化算法等的不断发展,必将进一步推动智能控制理论与技术的蓬勃发展。

## 第二节 控制系统数字仿真

控制系统的数字仿真就是控制系统的数学模型在数字计算机上求解的过程。控制系统的动态模型一般是用常微分方程、状态方程和传递函数来描述，它的响应是随时间连续变化的。而连续系统的解析解是无法用数字计算机求出的，只能求出其数值解。也就是说，只能得到连续响应曲线上的有限个点。为此，必须把连续系统离散化，得到差分方程，再用数字计算机求解。这就是把微分运算转化为算术运算的过程。

设一线性定常系统为

$$X=AX+BU$$

$$Y=CX+DU$$

式中：$X$为$n×1$维状态向量；$U$为$r×1$维输入向量；$A$为$n×n$维状态矩阵；$B$为$n×x$维输入矩阵；$Y$为$m×1$维输出向量；$C$为$m×n$维输出矩阵；$D$为$r×m$维传递矩阵。

此系统的方框图如图2–5所示。

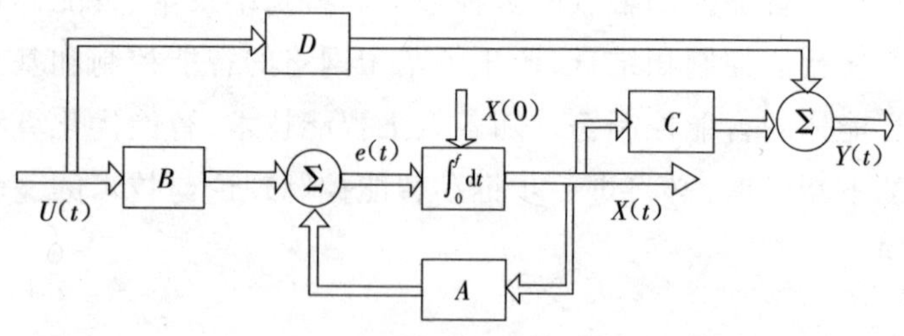


图2–5 一般线性定常系统的方框

为了将这个连续系统变成离散系统并与原系统相似，在系统的入口和出口处各加上一个采样周期为$T$的采样开关，在入口处再加入一个保持器($H$)和补偿器($c$)，如图2-6所示。

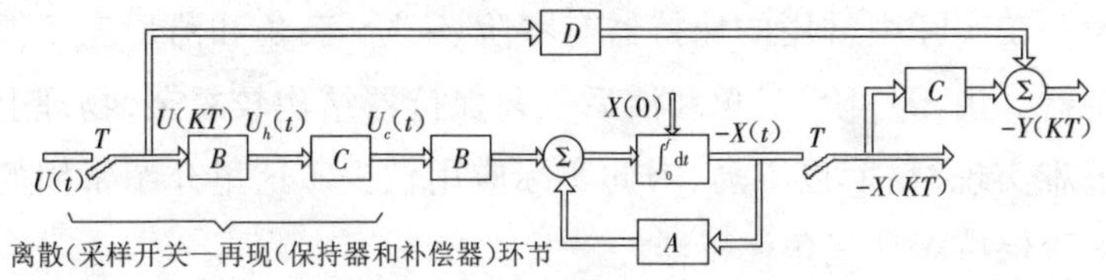


图2-6　所示系统的离散相似系统框

系统的输入信号$U(t)$离散后经过了一个再现环节H，使得离散后的信号又基本再现了原样。但此时的$U_h(t)$已经是$U(t)$的一种近似，不论使用什么样的保持器，也不可能恢复成原来的函数。为了提高再现(恢复)后的精度，有时在保持器后面(或前面)加入一个补偿器。

图2-6所示系统中的～$X(t)$与原系统(图2-5)中的$X(t)$是相似的，而该系统中的～$Y(KT)$序列与原系统的$Y(t)$在$t$=0，$T$，2$T$，……各时刻的值是相似的，它们的相似程度取决于使用的再现环节。如果采样周期$T$选择得足够小，则在采样点上各时刻的值就能代表系统的解析解值，把这些点连成曲线就能代表解析解曲线。

由图2-6所示的离散结构即可导出连续系统离散后的离散数学模型，即差分方程。由于这个过程使离散系统与连续系统相似，所以称为离散相似法。

严格地讲，系统输出处的采样开关后面也应加上再现环节，才能与原系统相似。但是在仿真时，用计算机也只能得到离散序列的解，所以输出处的再现环节加与不加对于离散解序列都是一样的。实际上输出处的采样开关加与不加也无所谓，只要认为离散后的系统与原系统在采样点上的输出值近似相等就行了。

在实际中常用的保持器有零阶、一阶、三角和滞后三角保持器。由于一阶、三角和滞后三角保持器结构较复杂，物理上很难实现，精度也不高，因此实际应用较少。这里介绍常用的零阶保持器和三角保持器[①]。

零阶保持器的定义式为

$$U_h(t)=U(kT),kT\leqslant t<(k+1)T$$

由于这种保持器的结构及使用它得到的离散模型都比较简单，故其计算速度较快，因此零阶保持器在实际工程及仿真中都得到了广泛的应用。

但是使用这种保持器时应注意，任何信号通过它都会使信号的高频分量产生明显的相滞后，通常由零阶保持器再现的函数 $U_h(t)$ 比 $U(t)$ 平均滞后 $\frac{T}{2}$。

这意味着，使用零阶保持器会给仿真结果带来较大的误差。经零阶保持器再现后的函数 $U_h(t)$ 如图 2-7 所示。

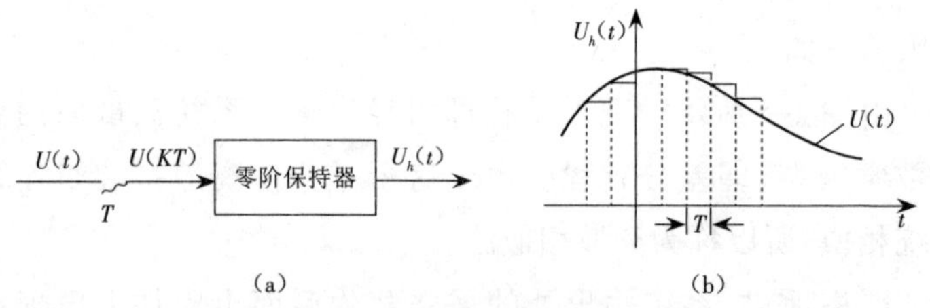


**图 2-7　零阶保持器再现后的函数 $U_h(t)$**

注：(a)为原理框图，(b)为函数曲线。

①李人厚，王拓副．智能控制理论和方法．[M]．2版．西安：西安电子科技大学出版社，2013.

从上面的保持器特性可以看出，要想使保持器引起的失真足够小，采样频率就要足够高。也就是说，在仿真计算时，为了使结果准确，计算步距就得足够小，这样势必要增加计算时间。为了使计算速度较快又不使误差过大，应当加入一个补偿环节。从图2-7可以看出，零阶保持器再现后的信号一般都有相位移，曲线上升时，再现后信号的幅值有所衰减；曲线下降时，幅值有所增加。所以通常采用超前装置进行补偿，即采用超前半个周期的补偿去抵消零阶再现过程引入的滞后影响，而幅值不进行补偿。

在仿真中所采用的补偿器的数学表达式形式一般为

$$c=\lambda e^{\gamma TS}$$

式中：$\lambda$ 表示幅值补偿，$\gamma$ 表示相位补偿，它们均为正数。研究表明，$\lambda$ 和 $\gamma$ 通常都取1较为合适。

三角保持器是一种理想保持器，物理上不能实现，数学上也是不能实现的，除非它所再现的信号为一已知信号。这一点从下面的定义中可以看出。

三角保持器的定义式为

$$U_h(t)=U(kT)+\frac{U\left[(K+1)T\right]-U(kT)}{T}(t-kT)$$

$$kT\leqslant t<(k+1)T$$

由式上式可以看出，计算区间$[kT,(k+1)T]$中的$U_h(t)$时，需要知道$U[(k+1)T]$。这就产生了矛盾，这就是实际中不能实现的原因。从三角保持器的定义式中不难看出，所再现的信号已经有超前作用的补偿$U[(k+1)T]$。因此，当使用三角保持器时不需要再使用补偿器。经过三角保持器再现后的函数如图2-8所示。

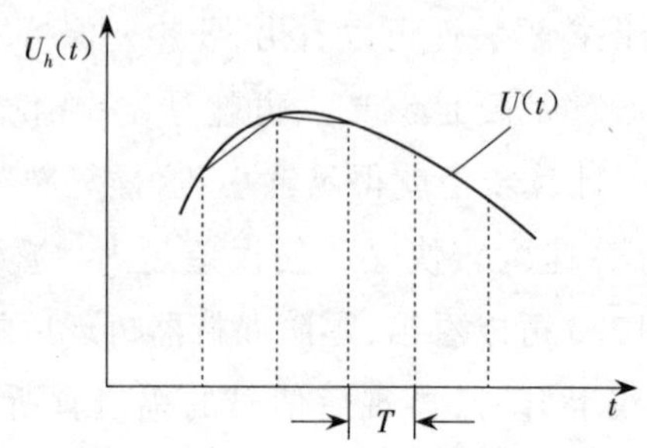


图 2-8　通经三角保持器再现后的函数

## 一、数字仿真程序结构

随题目性质的不同,对仿真程序要求也不同,一般的要求是计算速度快、精度高、使用方便、通用性强等。但这些要求往往是相互矛盾的,所以具体到某一问题时,应根据其特性突出某一要求而牺牲另外一些要求。例如,对于实时仿真,计算速度是主要的。为了满足速度要求,就得选用简单的算法或加大计算步距,这自然就降低了仿真精度。而对于非实时仿真,精度是主要的,而速度慢一点则无所谓。因此,为了满足精度要求,就得选用稍复杂一点的算法或减小计算步距。随着计算机的快速发展,这一矛盾已经得到了有效的解决。在一般情况下,仿真程序由以下三个基本模块构成。

### (一)初始化程序块

该功能块主要是对程序中所用到的变量、数组等进行定义,并赋以初值。在通用仿真程序里这个程序完成被仿真系统的结构组态。这个程序块的内容随使用的程序设计语言的不同而不同,没有统一的格式。

自20世纪90年代以来,随着多媒体技术和图像技术的蓬勃发展,可视化技术得到了广泛重视,越来越多的计算机专业人员和非专业人员都开始研究并应用可视化技术。一般来讲,可视化技术包含两个方面的含义:一是软件开发阶段的可视化,即可视化编程,它使编程工作成为一件轻松愉快、饶有趣味的工作;二是通过可视化窗口将不改变的参数输入给计算机。

在通用仿真程序中,可视化输入参数程序块是非常复杂的,该程序块直接关系到人—机交互的方便性和程序的通用性。一般人们会花很大的精力来设计输入参数程序块。

**(二)主运行程序块**

该程序块用来求解被仿真系统的差分方程。所选用的仿真算法不同,得到的差分方程也不同,仿真精度也不一样。不管怎样,这个程序要忠实于原差分方程,不能改变原差分方程的意义,对于初编程序者来说在这方面是很容易出错的。

用计算机求解差分方程是非常容易的。下面来讨论求解差分方程的一般方法。假设要求解的差分方程的一般形式为

$$x(k+1)=a_0x(k)+a_1x(k-1)+\ldots+a_{n-1}x[k-(n-1)]+b_{-1}e(k+1)+b_0e(k)+b_1e(k-1)+\ldots+b_{n-1}e[k(n-1)]$$

式中:$x$为输出;$e$为输入;$a_0$、$a_a$、…、$a_n$,$b_{-1}$、$b_0$、$b_1$、…$b_{n-1}$为常数。

由上式可知,在求解此差分方程时,要用到计算时刻$(k+1)T$以前若干个采样时刻的输出值和输入值。这可以在内存中设置若干个存储单元,将这些数据存储起来,以便在计算时使用。

对于上式所描述的系统,差分方程阶次为$n$。因此,需要

在内存中设置$n$个单元，用以存放计算时刻$(k+1)T$以前的$n$个采样时刻的输出量。这些存储单元的安排如图2-9(a)所示。

在计算时，计算时刻以前的$n$个输出量$x(k)$，$x(k-1)$，$\cdots x[k-(n-1)]$分别从第$n$，$n-1$，$n-2$，$\cdots$，2，1单元中取出。取出后把各单元的内容按图示向左平移一个单元。

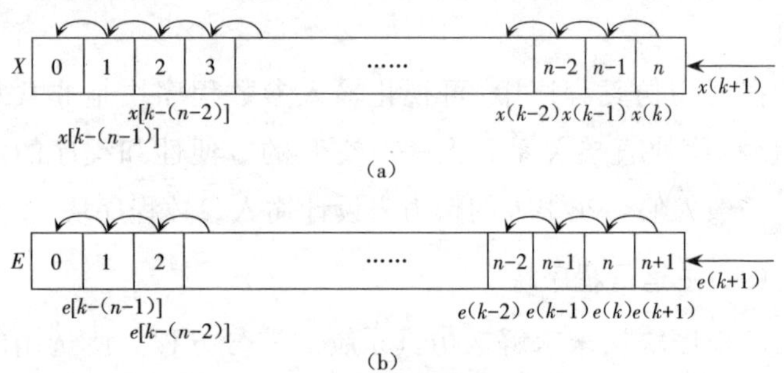


**图2-9　变量存储单元的安排**

注：(a)为输出量存储单元；(b)为输入量存储单元。

空出来的第$n$单元存放计算出的现时刻的值$x(k+1)$，供下一步计算时使用。这样，本步的$k+1$，$k$，$k-1$，……等各时刻的值在下一步里变为$k$，$k-1$，$k-2$，……各时刻的值了。所以在每一次计算中，操作顺序总是“取出—平移—存入”。

对于输入变量，也可采用和上述相似的方法处理。根据上式在内存中设置$n+1$个单元用以存放$e$的各采样时刻值，其安排如图2-9(b)所示。

在计算时，与输出量不同的是，方程右边需要有现时刻的输入值$e(k+1)$。因此在计算差分方程前，应先计算出$e(k+1)$，然后把它存入第$(n+1)$单元。计算差分方程时，现时刻以前的$n$个输入量$e(k)$，$e(k-1)$，$e(k-2)$，……，$e[k-(n-1)]$分别从第$n$，

$n-1,n-2,\cdots\cdots,2,1$单元中取出，现时刻输入量$e(k+1)$从第$(n+1)$单元中取出。然后把各单元的内容按图示向左平移一个单元，准备下一步计算。所以每次计算的操作顺序总是“存入—取出—平移”。

综上所述，用数组$X$的$n$个单元存放$x$的各采样时刻值，用$E$的$n+1$个单元存放的各采样时刻值，如图2-9所示。用数组$A$的$n$个单元存放系数$a_0,a_1,\cdots\cdots,a_{n-1}$，用$B$的$n+1$个单元存放系数$b_0,b_1,\cdots,b_{n-1}$及$b_{-1}$，如图2-10所示。

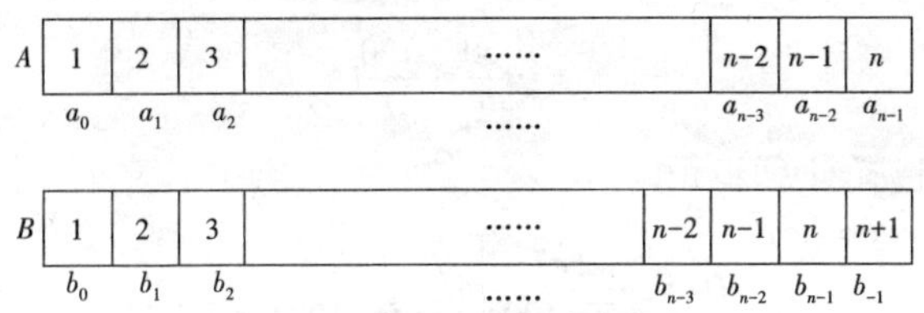


图2-10　差分方程式系数的存储单元

现在的问题是在系统仿真前，怎样知道计算步距和系统的稳态时间。

计算步距是重要的仿真用参数，如果选择得不恰当，则可能造成较大的计算误差，甚至可以使一个本来稳定的系统歪曲成一个不稳定的系统。计算步距不仅和被仿真的系统有关，还和仿真算法、精度要求等因素有关系。因此，要在仿真计算之前准确地选好计算步距是件不容易的事情。

根据依农定理，为了使被采样的信号无失真地再现，必须满足

$$\omega_{min}\geqslant 2\omega_L$$

式中，$\omega_{min}$为最低采样频率；$\omega_L$为被再现信号的频带限。

但是在仿真中所遇到的大多数被再现信号是没有频带限

的，所以一般取采样频率是再现信号主要频带中的最高频率的5～10倍，即

$$\omega_{min}=(5\sim10)\omega_m$$

至于主要频带中的最高频率又没有确切的定义，但对于像 $\frac{k}{Ts+1}$ 这样简单的低通滤波器（惯性环节），其频谱的主要频带可以认为大约是截止角频率（$\omega_c$）的10倍左右 $\omega_m\approx10\omega_c=\frac{10}{T}$。所以可以选择

$$\omega_{min}=\frac{50}{T}\sim\frac{100}{T}$$

即选择计算步距

$$DT=\frac{2\pi T}{(50\sim100)}\left[或\frac{2\pi}{(50\sim100)\,\omega_c}\right]$$

（为了符合大多数人使用变量名的习惯，不与惯性时间常数 $T$ 混淆，以后用 $DT$ 表示计算步距）。

对于复杂环节仍可取主要频带是开环频率特性的剪切频率的10倍，如果仍用表示环节的剪切频率，则计算步距仍为式 $DT=\frac{2\pi T}{(50\sim100)}\left[或\frac{2\pi}{(50\sim100)\,\omega_c}\right]$。若系统中有几个小闭环时，则应取最快的小闭环频率特性的剪切频率。

对于热工过程对象，一般可描述为

$$G(s)\ \frac{ke^{-\tau s}}{s^m(Ts+1)^n}$$

影响计算精度的是惯性环节，而高阶惯性环节 $\frac{K}{(Ts+1)}$ 可以用一个惯性环节 $\frac{k}{nTs+1}$ 近似来代替。所以对于惯性对象来

说,不需要求系统开环频率特性,按下式近似求得计算步距,即

$$DT = \frac{2\pi nT}{(50\sim100)}$$

式中,$DT$为计算步距;$n$为被控对象传递函数的阶次;$T$为被控对象传递函数的时间常数。

随着系统环节数目的增加,不可能使用一个离散—再现环节,这样会造成求取差分方程困难。在各个环节入口处加入离散—再现环节,会降低仿真精度,这时计算步距就应当减小。

上式是一个近似的估计公式,没有必要把它写得那么复杂,再做进一步简化,可得到一个实用的仿真计算步距估计公式,即

$$DT = \frac{nT}{(10\sim50)}$$

如果被控对象有若干个,则应以其中$nT$最小的为准。一般使用者按上述区间选择一个适当的计算步距,其仿真结果是令人满意的。一般来说,计算步距选择得越小,计算精度就越高,但耗费的计算时间就越长。在实时仿真时,对计算时间是有要求的。

如果在控制系统中含有“代数环”,即该闭环的阶次为零,时间常数也为零,则根据上式得到的计算步距也应为零,但这是不可能做到的。在这种情况下,可用一个等效比例环节来代替该“代数环”,计算步距则用其他环节的参数来确定。

仿真时间即是系统稳态时间或系统过渡过程时间,即从加入扰动开始到系统基本稳定为止的时间。如果主要是为了观察系统的稳定性,则仅计算系统响应的3~4个周期就足够了。

所以,仿真时间的估算公式可选为

$$T_s=(5\sim20)nT$$

式中,$T_s$为仿真时间;$n$为被控对象传递函数的阶次;$T$为被控对象传递函数的时间常数。如果被控对象有若干个,则应以其中$nT$最大的为准。

**(三)输出仿真结果程序块**

该程序块输出的仿真结果,可以是状态变量、中间变量、输出变量的仿真结果。输出的形式总是数据表格或曲线的形式。在MATLAB程序语言里,有各种各样的输出形式,这里不再赘述。

由于数字计算机不能对微分方程直接求解,必须将微分方程化成与其近似的差分方程才能求得数值解,即差分方程数值解在其采样点上的值和原微分方程在同一时刻的解析解值近似相等。因此,连续系统的仿真问题,实际上就是将描述该系统的微分方程(或状态方程)化成相似的差分方程(或离散状态方程)的问题,后者称为仿真模型。

离散—再现过程加入的位置不同,得到的差分方程有很大的不同,这构成了两种不同的方法。离散相似法关注的是怎样把离散后的信号进行再现,数值积分法关注的是怎样构造一个积分器。但从本质上说,它们所做的都是把信号离散化后,再进行再现(恢复)。在其他的仿真书中,这两种方法是从两个完全不同的角度来分析的,它们均可以通过在连续系统的不同位置加采样开关,并选用适当的保持器和补偿器而得到。也就是说,它们有着明显的内在联系,在理论上也是统一的。但是它们又有着完全不同的特点。

常用的古典数值积分法是收敛的，计算步距在一定范围内也是稳定的。但是计算误差比离散相似法大。数值积分法有一个极大的优点，即不管系统多复杂，只要能求出它的微分方程或状态方程，均可用一个通用的仿真模型来求解。如果选择了适当的方法和计算步距，则可以把计算精度控制在需要的范围内。这一点恰恰是离散相似法做不到的。对于要求精度不高的实时仿真培训系统，则可采用欧拉法；要求精度高一些的非实时仿真则可采用阶次高一些、步距小一些的数值积分法，当然计算时间要长一些；对于要求精度较高的实时仿真系统，则应采用现代数值积分法。

## 第三节　控制系统参数优化理论与方法

### 一、控制系统的参数优化问题

对于一个控制系统而言，最优化问题就是如何使设计的控制系统在满足一定设计约束条件下，使其某个指标函数达到最优（最小或最大）。对于常规的PID控制系统，最优化问题就是一个参数优化问题，即选择什么样的控制器参数能够使调节品质达到最佳。通过大量的实践和积累，人们得到了一些控制器参数整定的经验法则。其中最典型的Z-N法则至今仍在工程中广泛应用。然而在实际应用中，这些法则普遍存在一些问题：不仅其效果严重依赖于个人的经验，而且需要耗费大量的时间进行现场试验。近些年，随着计算机技术在控制领域的普及,人们开始使用各种优化算法来解决控制系统参数稳定的问题。

对于控制系统参数优化需要解决两方面的问题:第一,如何选取目标函数;第二,在提出的目标函数下,采用什么样的策略来改变系统参数,使这个目标函数达到最小(或最大),即寻优策略的问题。

**(一)目标函数的选取**

控制系统的性能指标是衡量和比较控制系统工作性能的准则,在优化算法中它体现在目标函数的选取上。衡量控制系统性能的指标包括三个方面,即稳定性、准确性和快速性。其中稳定性是首先要保证的,只有稳定的系统才具有实际应用意义。不同的控制对象,对调节品质的要求是各有侧重的,这就形成了各类不同的目标函数。在工程上,一般有两种选取目标函数的方法:第一类调节品质型目标函数是直接按系统的品质指标提出,常见的有指定衰减率型目标函数和指定超调量型目标函数等;第二类为误差积分型目标函数,是基于系统的给定值与被调量之间的偏差的积分而提出的目标函数。

1.调节品质型目标函数

按照热工控制系统的要求,可以提出以下具有约束条件的指定超调量型目标函数,其具体形式为

$$\begin{cases} Q(M_p) = (M_p - M_{pb})^2 \\ \varphi > \varphi_{\min} \\ t_r < t_{rr\max} \end{cases}$$

式中,$Q$ 为目标函数,$M_p$ 为响应曲线的超调量,$M_{pb}$ 为期望达到的超调量,甲为响应曲线的衰减率,$t_r$ 为响应曲线的上升

时间，$\varphi_{\min}$，$t_{r\max}$ 分别为根据实际要求所允许的最小衰减率和最大上升时间。

同样地，也可以提出以下具有约束条件的指定衰减率型目标函数，即

$$\begin{cases} Q(\varphi)=(\varphi-\varphi_P)^2 \\ M_P < M_{P\max} \\ t_r < t_{rr\max} \end{cases}$$

式中，$\varphi_p$ 为期望达到的衰减率，$M_{p\max}$ 为根据实际要求所允许的最大超调量。

2.误差积分型目标函数

误差积分型目标函数，也被称为误差积分准则，一般是在单位阶跃扰动下，系统的给定值 $r(t)$ 与输出（被调量）$y(t)$ 之间的偏差。$(t)$ 的某个函数的积分数值。可以有不同的形式，以下是三种比较常见的形式。

（1）平方误差积分准则（ISE）

$$ISE=\int_0^{t_s} e(t)^2 dt \approx \sum_{i=1}^{LP} e(i*DT)*e(i*DT)*DT$$

式中，$DT$ 为仿真计算步距，$LP$ 为仿真计算点数。

按照这种准则设计的控制系统，超调量较小，但响应速度较慢。

（2）时间乘平方误差积分准则（ITSE）

$$ITSE=\int_0^{t_s} te(t)^2 dt \approx \sum_{i=1}^{LP} i*DT*e(i*DT)*e(i*DT)*DT$$

基于这种准则设计的系统，考虑了起始动态偏差和响应时间，因此，具有较小的超调量和较快的响应速度。

(3)时间乘绝对误差积分准则

$$ITAE=\int_0^{t_s} t\left|e(t)\right|dt \approx \sum_{i=1}^{LP}(i*DT)*\left|e(i*DT\right|*DT$$

这种准则能反映控制系统的快速性和精确性,它与ITSE准则一样,具有较小的超调量和较快的响应速度。许多文献将此准则看作单输入单输出控制系统和自适应控制系统的最好性能指标之一。

同一个控制系统,按不同的积分准则优化控制器参数,其对应的系统响应也不同。在采用误差积分准则优化PID参数的过程中,会发现有的参数虽然能使系统具有较好的阶跃响应指标,但在调节过程中,控制器的输出呈现剧烈的振荡或过大的调节幅度。为了避免这一现象,防止控制能量变化过大,需要对上述目标函数进行修正,将积分项中加入控制器输出量$u(t)$或者其平方$u^2(t)$。以ITAE为例,修正后的目标函数常为

$$ITAE=\int\left[c_1 t\left|e(t)\right|+c_2\left|u(t)\right|\right]dt$$

$$\approx\sum_{i=1}^{LP}\left[c_1*i*DT*\left|e(i*DT)\right|+c_2*\left|u(i*DT)\right|\right]*DT$$

或

$$ITAE=\int\left[c_1 t\left|e(t)\right|+c_2\left|u(t)\right|\right]dt$$

$$\approx\sum_{i=1}^{LP}\left[c_1*i*DT*\left|e(i*DT)\right|+c_2*u(i*DT)*u(i*DT)\right]*DT$$

式中,$c_1,c_2$分别为误差和控制量在目标函数中的权值。

第一式在积分项中加入了控制器输出量的绝对值以防止

控制器输出量变化过大；而第二式则是加入了控制器输出量的平方值，目的是防止控制器输出的能量过大。

3.综合型目标函数

对于热工对象，人们常常以某些品质指标，如衰减率、超调量等，作为衡量控制系统优劣的依据。但是如果采用调节品质型目标函数方程式的调节品质型目标函数进行优化，往往造成调节时间较长或振荡时间较长。而采用误差积分型目标函数进行优化时，又很可能达不到人们对某些品质指标的期望。因此，人们考虑将两类目标函数相结合，从而得到一类综合型的目标函数。一种典型的综合型目标函数为

$$Q = d_1 \int \left[ c_1 t \left| e(t) \right| + c_2 u^2(t) \right] dt + d_2 \left| M_p - M_{pb} \right|$$

式中，$d_1$，$d_2$分别为积分型目标函数和指标型目标函数的权值；$u(t)$为控制器的输出。

以上介绍的三种目标函数具有不同的优缺点，实际应用中，应根据控制系统的具体要求选择不同形式的目标函数①。

**（二）改变系统参数的最优化策略**

寻找控制器的最佳参数是一个最优化问题。最优化问题由来已久，是一个古老的研究课题。早在公元前500年，古希腊数学家毕达哥拉斯就已经发现了黄金分割法。17世纪，牛顿和莱布尼茨在他们所创建的微积分中，提出求解具有多个自变量的实值函数的最大值和最小值的方法。后来又出现解决等式约束下的极值问题的拉格朗日乘数法以及解决泛函极值问题的变分法等。这些都是求解最优化问题的基础理论和

①刘金现．智能控制[M]．3版．北京：电子工业出版社，2014.

方法。20世纪20年代以来，由于生产和科学研究迅猛发展以及计算机的日益普及，使最优化问题的研究不仅成为一种迫切需要，而且出现了更为有力的求解工具。近代最优化方法的形成和发展过程中最具代表性的成果有：以康托罗维奇和丹齐克为代表的线性规划，以美国库恩和塔克尔为代表的非线性规划，以美国贝尔曼为代表的动态规划，以庞特里亚金为代表的极大值原理等。之后，随着人工智能理论与技术的发展，遗传算法、蚁群算法、粒子群算法等智能化方法相继被提出，标志着人们在最优化方法的研究中又探索出一条新的途径。

1.经典的最优化方法

经典的最优化方法一般可以分成解析法、直接法和数值法。

(1)解析法。根据最优性的必要条件，通过对目标函数或广义目标函数求导，得到一组方程或不等式，再求解这组方程或不等式。该方法只适用于目标函数和约束条件有明显的解析表达式的情况，而且需要人工计算目标函数的导数。对于控制系统的参数优化而言，其目标函数的导数常常无法求取。因此，该方法不适合进行控制系统的优化。

(2)直接法

无需求解目标函数的导数，而采用直接搜索的方法经过若干次迭代搜索到最优点。这种方法常常根据经验或通过试验得到所需结果。对于一维搜索(单变量极值问题)，主要有黄金分割法或多项式插值法；对于多维搜索问题(多变量极值问题)，有变量轮换法和单纯形法等。当目标函数较为复杂或者不能用变量显函数描述时，可以采用变量轮换法解决问题。变量轮换法的核心思想是把多变量的优化问题轮流地转化为单变量的优化问题，但仅适用于维数较低且目标函数具有类似正定二次型特点的问题。就控制系统而言，该方法可以有效地解决采用PI控制律的单回路控制系统优化问题，但是对于多回路或较复杂的控制系统的优化，该方法往往表现出较低的效率。这种情况下，单纯形法显得更为有效和实用。单纯形法是一种发展较早的优化算法，具有操作简单、计算量小、适用面广、便于计算机实现等优点。与变量轮换法一样，缺点是对初值的选择比较敏感，不恰当的初值常常导致寻优失败。此外，对于多极值问题，这两种方法都无能为力。虽然已经发展出很多智能优化算法，就优化目标函数而言，智能优化算法完全能取代它们。但是单纯形法操作方便、计算量小，在进行工业试验（运筹规划）时，试验次数少，仍具有一定的实用价值。

（3）数值法

与直接法类似，它采用直接搜索的方法迭代搜索最优点。所不同的是它以目标函数的梯度的反方向作为指导搜索方向的依据，搜索过程具有更强的目的性，因而比简单的直接法效率更高。因此，它也被看作是一种解析与数值计算相结合的方法。典型的有最速下降法、共扼梯度法和牛顿法等。其缺点是需要求目标函数的梯度，因而也不适用于进行控制系统的优化。

2.智能优化方法

智能优化方法是通过模拟某一自然现象或过程而建立起

来的，它们具有适于高度并行、自组织、自学习与自适应等特征，为解决复杂问题提供了一种新途径。在控制系统优化中应用较多的算法有遗传算法(genetic algorithm，GA)、蚁群算法(ant colony algorithm，ACO)和粒子群算法(particle swarm optimization，PSO)等。

(1)遗传算法

遗传算法来源于对生物进化过程的模拟，根据“优胜劣汰”原则，将问题的求解表示成染色体的适者生存过程。染色体通过交叉和变异等操作一代代地进化，最终收敛到最适应环境的个体，即问题的最优解或满意解。相对于传统的优化方法，遗传算法具有一些显著的优点。该算法允许所求解的问题是非线性的、不连续的以及多极值的，并能从整个可行解空间寻找全局最优解和次优解，避免只得到局部最优解。这样可以提供更多有用的参考信息，以便更好地进行系统控制。同时，其搜索最优解的过程是有指导性的，避免了一般优化算法的维数灾难问题。

(2)蚁群算法

蚁群算法是受自然界中蚂蚁搜索食物行为启发而提出的一种随机优化算法。单个蚂蚁是脆弱的，而蚁群的群居生活却能完成许多单个个体无法承担的工作，蚂蚁间借助于信息素这种化学物质进行信息的交流和传递，并表现出正反馈现象：某段路径上经过的蚂蚁越多，该路径被重复选择的概率就越高。正反馈机制和通信机制是蚁群算法的两个重要基础。

(3)粒子群算法

粒子群算法来源于对鸟群优美而不可预测的飞行动作的

模拟。粒子的飞行速度动态地随粒子自身和同伴的历史飞行行为改变而改变。它没有遗传算法的交叉、变异等操作,而是让粒子在解空间追随最优的粒子进行搜索。同遗传算法比较,其优势在于简单、容易实现,并且待调整的参数较少。

## 二、控制系统参数的经典优化方法

### (一)PID参数的工程整定方法

在长期的工程实践中,人们积累了许多有关整定PID控制器参数的经验。目前常用的工程整定法主要有响应曲线法、临界比例带法和衰减曲线法三种。它们各有其特点,但都是通过试验获得控制过程的特性参数,然后按照工程经验公式来设定控制器的参数。这些方法简单,易于掌握,因而在工程实际中被广泛采用。无论采用哪一种方法所得到的控制器参数,都需要在实际运行中进行最后调整与完善。

1.响应曲线法

响应曲线法也称动态特性参数法,是以被控对象控制通道的阶跃响应曲线为依据,通过经验公式求取调节器最佳参数整定值的开环整定方法。表2-1给出了目前工程中应用得比较多的近似整定计算图表。调节器有比例(P)、比例积分(PI)、比例积分微分(PID)三种类型。

调节系统是按衰减率$\varphi$=0.75和误差积分准则最小的要求整定的。如果要求$\varphi$=0.9,则对于PI调节系统要把表2-1中计算出的比例带和积分时间都适当修正。一般地$\delta_{0.9}\approx 1.68\delta_{0.75}$、$T_{i_{0.9}} \approx 0.8T_{i_{0.75}}$。

表2-1中给出了有自平衡对象在$\tau/T \leqslant 0.2$条件下的整定规

则,若不满足此条件,则需进行修正。

大多数数据是在模拟对象和真实调节器组成的模拟系统中通过大量模拟试验确定的。如表2-1所示。

表2-1 响应曲线法

| 无自平衡型 | | | |
|---|---|---|---|
| 调节器类型 | 参数 | | |
| | $\delta$ | $T_i$ | $T_d$ |
| P | $\varepsilon\tau$ | | |
| PI | $1.1\varepsilon\tau$ | $3.3\tau$ | |
| PID | $0.85\tau$ | $2\tau$ | $0.5\tau$ |
| 自平衡型($\tau/T\leqslant0.2$) | | | |
| 调节器类型 | 参数 | | |
| | $\delta$ | $T_i$ | $T_d$ |
| P | K | | |
| PI | $1.1K\tau/T$ | $3.3\tau$ | |
| PID | $0.85K\tau/T$ | $2\tau$ | $0.5\tau$ |

2.临界比例带法。临界比例带法又称稳定边界法,是在被控对象采用比例控制器时,根据调节系统处于边界稳定状态下的参数$\delta_k$以及振荡周期$T_k$,根据经验公式计算出调节器的各个参数。临界比例带法无需知道对象的动态特性,直接在闭环系统中进行参数整定。具体步骤如下。

1)将调节器的积分时间置于最大,即$T_i\to\infty$;微分时间置零,即$T_d=0$,比例带占置于一个较大的值。

2)将系统投入闭环运行,待系统稳定后逐渐减小比例带占,直到系统进入等幅振荡状态。一般振荡持续4~5个振幅即可。试验记录曲线如图 2-11 所示。

3)据记录曲线得振荡周期 $T_k$ 以及此状态下的调节器比例带 $\delta_k$,计算出调节器的各个参数。

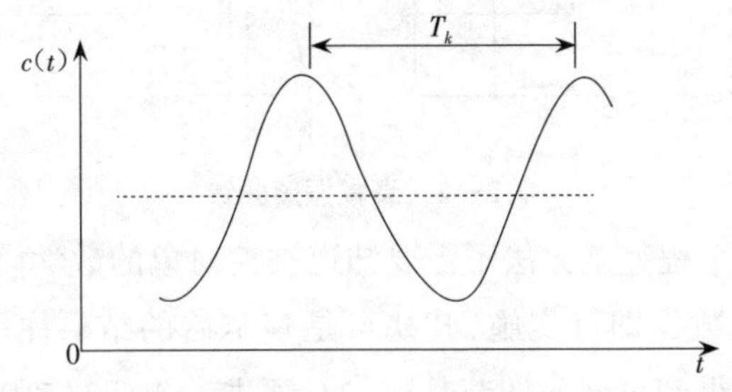


图 2-11　等幅振荡曲线

临界比例带法简单明了,对于大多数热工对象都是适用的。由于热工对象惯性较大,所以等幅振荡周期较长,但这种低频振荡在生产上常常是允许的。试验过程中出现的等幅振荡的幅值的大小与所加的扰动量大小有关,应根据生产过程容许的范围来确定。幅值也不宜过小,否则就不容易判断是否出现了等幅振荡。

3. 衰减曲线法

衰减曲线法是在总结临界比例带法基础上发展起来的,它利用比例作用下产生的 4∶1 衰减振荡($\varphi$=0.75)过程时的调节器比例带 $\delta_s$ 及过程衰减周期 $T_s$ 来选取相应的控制器最佳参数;或 10∶1 衰减振荡($\varphi$=0.9)过程时调节器比例带 $\delta_s$ 及过程上升时间 $t_r$,根据经验公式计算出控制器的各个参数。其试验整定步骤与临界比例带法类似。衰减振荡曲线如图 2-12 所示。

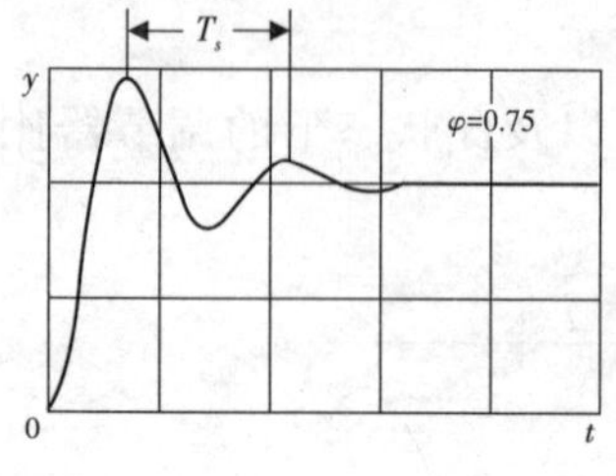

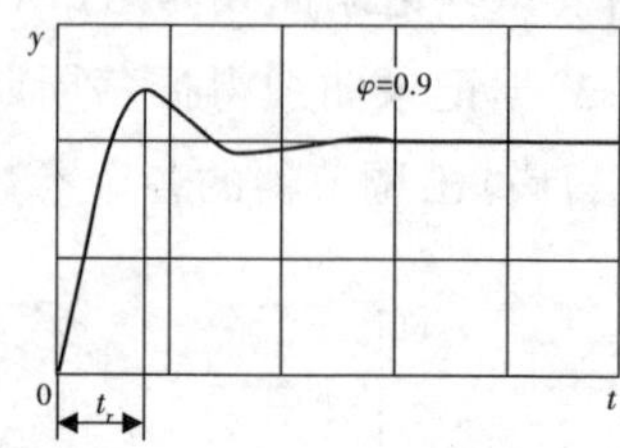


**图2-12　衰减振荡曲线**

上述工程整定方法不需要知道被控对象的数学模型,通过现场试验数据即可实施,其缺点是整定后的结果往往不是最优解。欲得到更好的调节品质就必须进一步调整PID参数,这不仅依赖于工程人员自身的经验,而且需进行多次现场试验。随着辨识技术的日益成熟,获得被控对象的数学模型已经不再困难。在已知被控对象数学模型基础上,人们将最优化理论和方法应用到控制系统参数整定问题中,取得了许多非凡的成就。

**(二)单纯形法**

为了理解单纯形法的基本思想,可以设想一个盲人在爬山,他每走一步之前,都要把拐杖向前试探几下,然后向最高点迈出一步。单纯形法就是基于这种想法设计的。

以二元函数为例,如图2-13所示。在平面上选1、2、3三点(它们构成一个三角形,即所谓初始单纯形),计算这三点的函数值,并对它们的大小进行比较。假设其中1点的目标函数值最大,则将其扬弃,在1点的对面取一点生,构成一个新的三角形,再比较它们的大小。假设其中2点的目标函数值最大,则将2点扬弃,在2点的对面取一点5,3、4、5点又构成一个新的三角形。如此一直循环下去,最后可找到最小点二。

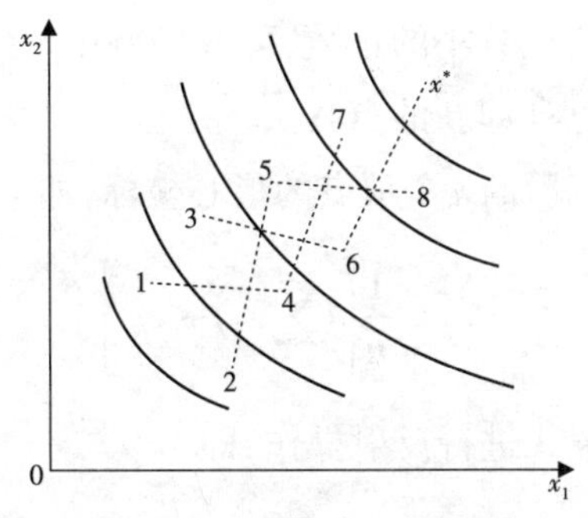


图2-13 单纯形法寻优过程

对于一般的$n$元函数$Q(x)$($x$为$n$维向量),可取$n$维空间的$n$+1个点,构成初始单纯形。这$n$+1个点应使$n$个向量$x_1-x_0$,$x_2-x_0$,$\cdots x_n-x_0$线形无关。如果取的点少,或上述$n$个向量有一部分线形相关,那么就会使搜索极小点的范围局限在一个低维空间内,如果极小点不在这个空间内,那就搜索不到了。

1.单纯形算法的步骤

(1)选择初始单纯形

取单纯形$n$个向量为“等长”,若已选定$x_0$,则

$$x_i=x_0+h_{ei}, i=1,2,\cdots,n$$

式中,$e_i$为第i个单位坐标向量。计算出各点的目标函数值$Q_i=Q(x_i)$。

(2)评价各点函数值

比较诸函数值的大小,选出最好的点$x_L$、最差的点$x_H$,和次最差的点$x_G$,其对应的目标函数值分别为$Q_L$、$Q_H$和$Q_G$。如果满足终止准则,即

$$\frac{Q_H-Q_L}{Q_L}<\varepsilon$$

则认为搜索成功,终止迭代过程。上式中$\varepsilon$表示精度,是

一个预先给定的充分小的正数，可取 $0.0001<\varepsilon<0.01$。

（3）求反射点（即新的点）$x_R$

找出去掉 $x_H$ 后的 $n$ 个项点的形心坐标，即

$$x_C=\frac{1}{n}\left[\left(\sum_{i=1}^{n+1}x_i\right)-x_H\right]$$

然后采用下式进行反射操作，即

$$x_R=x_C+\alpha(x_C-x_H)$$

式中，$\alpha>0$ 为一给定常数，称为反射系数，通常取 $\alpha=1$。

（4）单纯形的扩张

若 $Q_R=Q(x_R)<Q_G$，则说明反射成功，还可扩大战果，即

$$x_E=x_C+\mu(x_R-x_C)$$

式中，$\mu>1$ 为一给定常数，称为扩大系数。如果 $Q(x_E)<Q(x_R)$，则说明扩张成功，以 $x_E$ 取代 $x_H$，否则表明扩大成果失败，用 $x_R$ 取代 $x_H$。然后转向第（2）步。

（5）单纯形的压缩

若 $Q_R\geqslant Q_G$，说明反射点仍然是最差的点，反射无效。这时需要对单纯形进行压缩，即

$$\begin{cases}x_S=x_H+\lambda(x_C-x_H)Q_H\leqslant Q_R\\x_S=x_C+\lambda(x_R-x_C)Q_H>Q_R\end{cases}$$

式中，$x_s$ 为压缩后的点。常数 $\lambda(0<\lambda<1)$ 为压缩因子。

上式的意义：当 $Q_H\leqslant Q_R$ 时，表明反射点的质量还不如原来的最差点，所以将压缩点放在原单纯形的最差点一侧；反之，则将压缩点放在反射点一侧。求出 $Q_S=Q(x_S)$ 后，若 $Q_S\leqslant Q_G$，说明压缩成功，则以 $x_s$ 取代 $x_H$，转向第（2）步；否则转向第（6）步。

(6)单纯形的收缩

若压缩后函数值仍较大,即$Q_S>Q_G$,说明原来的单纯形取得太大了,将它的所有边都缩小,即所有点都向着最好点$x_L$靠近,即

$$x_i = x_L + \frac{1}{2}(x_i - x_L), i = 0,1,\ldots,n\text{且}i \neq L$$

这样就构成了新的单纯形。计算各新点的目标函数值,并转向第(2)步。

当经过$K$次搜索后仍不能满足上式时,则认为搜索失败。

2.单纯形法主程序

鉴于单纯形法对初值的敏感性,为了保证其初值具有一定的可取性,根据经验确定各控制器参数的选择范围。而且为使各次搜索的初值具有一定的多样性,程序中采用了随机的方法产生初始单纯形。但是这样做会使每次运行程序时,得到不同的运行结果。为了得到满意的结果,需要多次运行程序,从中选择一组较好的参数。

**(三)遗传优化算法**

遗传优化算法起源于20世纪60年代初期,主要由美国密歇根州(Michigan)大学的约翰·霍兰德(John Holland)教授与其同事、学生们共同研究,形成了一个较为完整的理论和方法。遗传算法从试图解释自然系统中生物的复杂适应过程入手,模拟生物进化的机制来构造人工系统的模型。算法提供了一种求解复杂系统优化问题的通用框架,它不依赖于问题的具体形式,对问题的种类有很强的鲁棒性,所以广泛应用于函数优化、组合优化、模式识别、图像处理、信号处理、神经网络、生产调

度、自动控制、机器人控制、机器学习等众多学科领域。随后经过几十年的发展,取得了丰硕的理论和应用成果,特别是近年来世界范围形成的进化计算热潮,使计算智能已作为人工智能研究的一个重要方向。后来人工生命研究兴起,都使遗传算法受到广泛的关注。

1.遗传算法的基本原理

遗传算法是从代表问题可能潜在解的一个种群开始的,而一个种群则由经过基因编码的一定数目的个体组成。每个个体实际上是带有染色体特征的实体。染色体作为遗传物质的主要载体,即多个基因的集合,其内部表现是某种基因组合,它决定了个体形状的外部表现。因此,在一开始需要实现从表现型到基因型的映射,即编码工作。由于仿照基因编码的工作很复杂,往往需要进行简化,如二进制编码。初始种群产生之后,按照适者生存和优胜劣汰的原理,逐代演化产生出越来越好的近似解。在每一代,根据问题域中个体适应度大小挑选个体,并借助于自然遗传学的遗传算子进行组合交叉和变异,产生出代表新解集的种群。

这个过程将导致种群像自然进化一样,后生代种群比前代更加适应环境。末代种群中的最优个体经过解码,可以作为问题近似最优解。遗传算法原理图如图2-14所示。

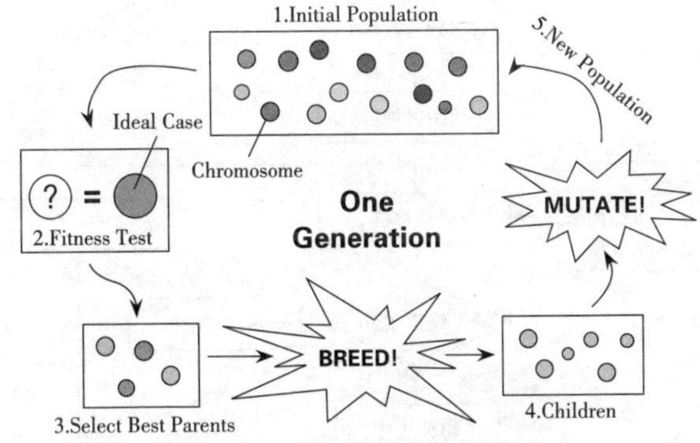


图2-14 遗传算法原理

标准遗传算法的计算流程，如图2-15所示。从图中可以看出，遗传算法是一种种群型操作算法，该操作以种群中的所有个体为对象。具体求解步骤如下。

(1)参数编码

遗传算法一般不直接处理问题空间的参数，而是将待优化的参数集进行编码，比如用二进制将参数集编码成由0或1组成的有限长度的字符串。

(2)初始种群的生成

随机地产生$n$个个体组成一个群体，该群体代表一些可能解的集合。GA的任务是从这些群体出发，模拟进化过程进行择优汰劣，最后得出优秀的群体和个体，满足优化的要求。

(3)适应度函数的设计

遗传算法在运行中基本上不需要外部信息，只需依据适应度函数来控制种群的更新。根据适应度函数对群体中的每个个体计算其适应度，为群体进化的选择提供依据。设计适应度函数的主要方法是把问题的目标函数转换成合适的适应度函数。

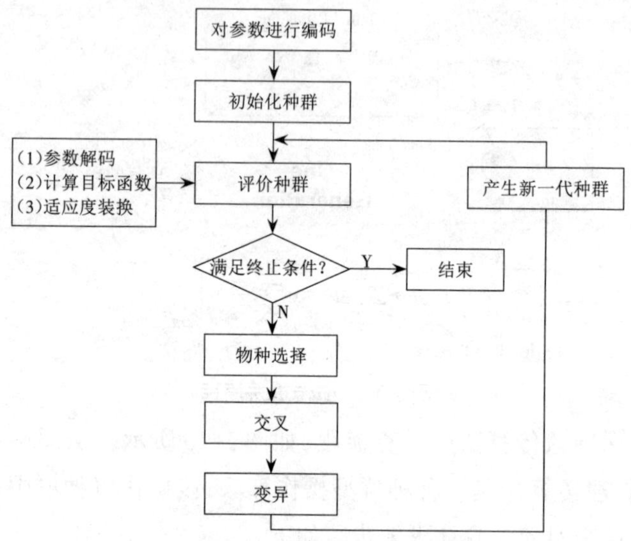


图2-15　遗传算法的计算流程

(4)选择

按一定概率从群体中选择M对个体,作为双亲用于繁殖后代,产生新的个体加入下一代群体,即适应于生存环境的优良个体将有更多繁殖后代的机会,从而使优良特性得以遗传。选择是遗传算法的关键,它体现了自然界中适者生存的思想。

(5)交叉

对于选中的用于繁殖的每一对个体,随机地选择同一整数$n$,将双亲的基因码链在此位置相互交换。交叉体现了自然界中信息交换的思想。

(6)变异

按一定的概率从群体中选择若干个个体。对于选中的个体,随机选择某一位进行取反操作。变异模拟了生物进化过程中的偶然基因突变现象。

(7)对产生的新一代群体进行重新评价、选择、杂交和变异

如此循环往复,使群体中最优个体的适应度和平均适应度不断提高,直至最优个体的适应度达到某一界限或最优个体的适应度和平均适应度值不再提高,则迭代过程收敛,算法结束。

2.遗传算法的实现

遗传算法的实现涉及参数编码、种群设定、适应度函数和遗传操作等几个要素的选择和设计。下面将介绍标准遗传算法中一些常规实现技术。

(1)编码

编码是应用遗传算法时首先要考虑的问题,也是设计遗传算法时的一个关键步骤。编码方法除了决定了个体的染色体排列形式,它还决定了个体从搜索空间的基因型变换到解空间的表现型时的译码方法。编码方法也影响到交叉操作数、变异操作数等遗传操作数的运算方法。因此,编码方法在很大的程度上决定着如何进行群体的遗传进化运算以及遗传算法进化计算的效率。常用的编码方法:二进制编码方法、格雷码编码方法、浮点数编码方法、符号编码方法、多参数级联编码方法、多参数交叉编码方法等。接下来介绍几种较常用的方法。

1)二进制编码

二进制编码方法是遗传算法中最常用的一种编码方法,它使用的编码符号集是由二进制符号0和1所组成的二值符号集{0,1},它所构成的个体基因型是一个二进制编码符号串。

二进制编码符号串的长度与问题所要求的求解精度有关。假设某一参数的取值范围是$[U_{\min}, U_{\max}]$，用长度为l的二进制编码符号串来表示该参数，则它总共能够产生$2^l-1$种不同的编码。若使参数编码时的对应关系为如表2-2所示，则有以下对应译码公式。

表2-2 参数编码对应关系

| | |
|---|---|
| 0000…0000 | $U_{\min}$ |
| 0000…0001 | $U_{\min}+\delta$ |
| …… | …… |
| 111…0001 | $U_{\max}$ |

则二进制编码的编码精度为

$$\delta=\frac{U_{\max}-U_{\min}}{2^l-1}$$

假设某一个体的编码为

$$b_l\, b_{l-1}\, b_{l-2} \ldots b_2\, b_1$$

则对应的译码公式为

$$x=U_{\min}+(\sum_{i=1}^{l} b_i \times 2^{i-1})\delta$$

二进制编码方法具有编码和译码操作简单易行，便于实现交叉、变异等遗传操作，符合最小字符集编码原则，而且便于利用模式定理对算法进行理论分析等优点，是一种被广泛采纳的编码方法。

2）格雷码编码

格雷码（Gray Code）是二进制代码的一种变形。它连续的两个整数所对应的编码值之间仅仅只有一个码位是不相同的，其余码位都完全相同。

假设有一二进制代码 $B=b_l\, b_{l-1}\cdots b_2\, b_1$，其对应的格雷码为 $G=g_l\, g_{l-1}\cdots g_2\, g_1$。由二进制代码到格雷码的转换公式为

$$\begin{cases} g_l = b_l \\ g_i = b_{i+1} \oplus b_i, i = l-1, l-2, \ldots, 1 \end{cases}$$

由格雷码到二进制代码的转换公式为

$$\begin{cases} b_l = g_l \\ b_i = b_{i+1} \oplus g_i, i = l-1, l-2, \ldots, 1 \end{cases}$$

由于格雷码的上述特点，使任意两个整数的差是这两个整数所对应的格雷码之间的海明距离。由于遗传算法新一代个体的产生主要是依靠上一代群体之间的随机交叉重组来完成，即使已经搜索到最优解附近，但是想要达到这个最优解，却要花费较大的代价。对于用二进制编码的个体，变异操作有时虽然只是一个基因座的差异，而对应的参数值却相差较大。但是若使用格雷码编码，则编码串之间的一位差异，对应的参数值也只是微小的差别。这样就相当于增强了遗传算法的局部搜索能力，便于对连续函数进行局部空间的搜索。

3)浮点数编码

浮点数编码方法是指个体的每个基因值用某一范围内的一个浮点数来表示，个体的编码长度等于其决策变量的个数。因为它使用的是决策变量的真实值，所以浮点数编码方法也叫真值编码方法。浮点数编码方法弥补了二进制编码连续函数离散化时的映像误差等缺点，而且它便于反映所求问题的特定知识。

2.种群设定

群体设定的主要问题是群体规模(群体中包含的个体数目)的设定。作为遗传算法的控制参数之一,群体规模和交叉概率、变异概率等参数一样,直接影响遗传算法的效能。当群体规模 $n$ 太小时,遗传算法的搜索空间中解的分布范围会受到限制,因此搜索有可能停止在未成熟阶段,发生未成熟收敛现象。较大的群体规模可以保持群体的多样性,避免未成熟收敛现象,减少遗传算法陷入局部最优解的机会。但较大的群体规模意味着较高的计算成本。在实际应用中应当综合考虑这两个因素,选择适当的群体规模。

初始群体的设定一般采用的策略:①根据对问题的了解,设法把握最优解在整个问题空间中的可能分布范围,然后,在此范围内设定初始群体。②先随机生成一定数目的个体,然后从中挑选出最好的个体加到初始群体中。重复这一过程,直到初始群体中个体数目达到预先确定的规模。

3.适应度函数

遗传算法的适应度函数不受连续可微的限制,其定义域可以是任意集合。对适应度函数的唯一硬性要求是,对给定的输入能够计算出可以用来比较的非负输出,以此作为选择操作的依据。下面介绍适应度函数设计的一些基本准则和要点。

(1)目标函数映射成适应度函数

一个常用的办法是把优化问题中的目标函数映射成适应度函数。在优化问题中,有些是求费用函数(代价函数)$J(x)$的最小值,有些是求效能函数(或利润函数)$J(x)$的最大值。由于在遗传算法中要根据适应度函数值计算选择概率,所以要求适应度函数的值取非负值。

控制系统参数优化问题是一个非负目标函数的最小化问题,可采用如下变换转换为适应度函数,即

$$f(x)=\frac{1}{J(x)}$$

(2)适应度函数的尺度变换(Scaling)

在遗传算法中,群体中的个体被选择参与竞争的机会与适应度有直接关系。在遗传进化初期,有时会出现一些超常个体。若按比例选择策略,则这些超常个体有可能因竞争力太突出而控制选择过程,从而在群体中占很大比例,导致未成熟收敛,影响算法的全局优化性能。此时,应设法降低这些超常个体的竞争能力,这可以通过缩小相应的适应度函数值来实现。另外,在遗传进化过程中(通常在进化迭代后期),虽然群体中个体多样性尚存在,但往往会出现群体的平均适应度已接近最佳个体适应度的情形,在这种情况下,个体间竞争力减弱,最佳个体和其他大多数个体在选择过程中有几乎相等的选择机会,从而使有目标的优化过程趋于无目标的随机漫游过程。对于这种情形,应设法提高个体间竞争力,这可以通过放大相应的适应度函数值来实现。这种对适应度的缩放调整即为适应度尺度变换。

目前常用的个体适应度尺度变换方法主要有三种:线性尺度变换、乘幂尺度变换和指数尺度变换。

1)线性尺度变换。设原适应度函数为$f$,定标后的适应度函数为$f'$,则线性定标可表示为

$$f' = af + b$$

其中系数 $a$、$b$ 的选择应满足两个条件：其一，定标后适应度函数平均值 $\overline{f'}$ 与原适应度函数平均值 $\overline{f'}$ 相等，以保证群体中适应度接近于平均适应度的个体能够有期待的数量被遗传到下一代群体中；其二，定标后适应度函数最大值 $f'_{max}$ 等于原适应度函数平均值的指定倍数，以保证群体中最好的个体能够期望复制 $C$ 倍到新一代群体中，即

$$f'_{max} = C\overline{f}$$

其中，$C$ 是最优个体期望值达到的复制数。对于群体规模 $n$ 为 50～100，$C$ 取 1.2～2 的情况，已经有了成功的实验结果。

线性定标公式中的系数 $a$、$b$ 可根据两点式确定，即利用

$$\begin{cases} \overline{f'} = \overline{f} \\ f'_{max} = C\overline{f} \end{cases}$$

确定，得

$$\begin{cases} a = \dfrac{C-1}{f_{max-\overline{f}}}\overline{f} \\ b = \dfrac{f_{max} - C\overline{f}}{f_{max} - \overline{f}}\overline{f} \end{cases}$$

利用式 $f' = af + b$ 做线性尺度变换时有可能出现负适应度。这时，可以简单地把原适应度函数最小值 $f_{min}$，映射到变换后适应度函数最小值 $f'_{min}$。但此时仍要保持 $\overline{f'} = \overline{f}$。在进行尺度变换前，先对变换后适应度的非负性进行判别。若 $f_{min} > 0$，即

$$f_{\min} > \frac{C\overline{f} - f_{\max}}{C - 1}$$

则采用上式计算$a$、$b$的值。否则,利用

$$\begin{cases} \overline{f'} = \overline{f} \\ f'_{\min} = 0 \end{cases}$$

可得

$$\begin{cases} a = \dfrac{\overline{f}}{\overline{f} - f_{\min}} \\ b = -\dfrac{f_{\min} \cdot \overline{f}}{\overline{f} - f_{\min}} \end{cases}$$

2)幂函数尺度变换。幂函数尺度变换定义为

$$f' = f^{k}$$

其中幂指数k与所求的问题有关,并且在算法的执行过程中需要不断对其进行修正,才能使尺度变化满足一定的伸缩要求。

3)指数尺度变换。指数尺度变换定义为

$$f' = \mathrm{e}^{k-f}$$

其系数$k$决定了选择的强制性,$k$越小,原有适应度较高的个体的新适应度与其他个体的新适应度相差就越大,即越增加了选择该个体的强制性。

4.遗传操作

遗传操作包括以下三个基本遗传算子:选择、交叉和变

异。这三个遗传算子的特点:第一,它们都是随机化操作。群体中个体向最优解迁移的规则和过程都是随机的。但是需要指出,这种随机化操作和传统的随机搜索方法是有区别的。遗传操作进行的是高效有向的搜索,不同于一般随机搜索方法所进行的无向搜索。第二,遗传操作的效果除了与编码方法、群体规模、初始群体以及适应度函数的设定有关,还与上述三个遗传算子所取的操作概率有关。第三,三个遗传算子的操作方法随具体求解问题的不同而异,也与个体的编码方式直接相关。

下面基于最常用的二值编码来介绍三个遗传算子的操作方法。

(1)选择算子

从群体中选择优质个体,淘汰劣质个体的操作称为选择。选择算子也称为再生算子。选择操作建立在对群体中个体的适应度进行评估的基础上。目前常用的选择方法有如下几种。

1)适应度比例方法。适应度比例方法是目前最基本也是最常用的选择方法,也称为轮盘赌选择或蒙特卡罗选择方法。在这种选择机制中,个体每次被选中的概率与其在群体环境中的相对适应度成正比。设群体规模为$n$,其中第$i$个个体的适应度为$f_i$,则其被选择的概率为$P_{si}=\frac{f_i}{\sum_{j=i}^{n} f_i}$,选择概率$P_{si}$是第$i$个个体的相对适应度。个体适应度越大,其被选择的概率就越高,反之亦然。其选择过程可描述为:第一,依次累计群体内各个体的适应度,得相应的适应度累计值$S_i$,最后一个适应度累计值为$S_n$；第二，在$[0,S_n]$区间内产生均匀分布的随机数R；第三，依次用$S_i$与R相比较，第一个使$S_i$大于或等于R的个体i入选；第四步，重复第二、三步骤，直至所选择个体数目满足要求。这一选择操作是依据相邻两个适应度累计值的差值，即

$$\Delta S_i = S_i - S_{i-1} = f_i$$

式中$f_i$为第i个个体的适应度。事实上，适应度$f_i$越大，$\Delta S_i$的距离越大，随机数落在这个区间的可能性越大，第i个个体被选中的机会越多。从统计意义上讲，适应度越大的个体被选择的机会越大。适应度小的个体尽管被选中的概率小，但仍有可能被选中，从而有利于保持群体的多样性。

2)最佳个体保留方法。该方法首先按适应度比例选择方法执行遗传算法的选择操作，然后将当前解群体中适应度最高的个体直接复制到下一代群体中。它的主要优点是能够保证遗传算法终止时得到的结果一定是历代出现过的具有最高适应度的个体。但是这也隐含了一种危机，即局部最优个体的遗传基因会急剧增加而使进化有可能陷于局部最优解。

3)期望值方法。在执行轮盘赌选择机制时，适应度高的个体可能被淘汰，而适应度低的个体可能被选择。若想限制这种随机误差的影响，可以采用期望值方法，步骤如下：首先计算群体中每个个体在下一代生存的期望数目

$$R_i = \frac{nf_i}{\sum_{j=1}^{n} f_i}$$

然后按期望值$R_i$的整数部分安排个体被选中的次数。而

对期望值 $R_i$ 的小数部分,可按确定方式或随机方式进行处理。确定方式是将 $R_i$ 的小数部分按值的大小排列,从大到小依次选择,直到被选择个体数达到群体规模为止。随机方式可按轮盘赌选择机制进行,直到选满为止。

以上介绍的是常用的几种选择方法。在具体使用时,应根据求解问题的特点适当选用,或将几种选择机制混合运用。

(2)交叉算子

遗传算法中起核心作用的是遗传操作的交叉算子。交叉是指对两个父代个体的部分结构进行重组而生成新个体的操作。交叉算子的设计应与编码设计协调进行,使之满足交叉算子的评估准则,即交叉算子需保证前一代中优质个体的性状能在下一代的新个体中尽可能地得到遗传和继承。

对二值编码来说,交叉算子包括两个基本内容:一是从由选择操作形成的配对库中,对个体随机配对,并按预先设定的交叉概率 $Pc$—决定每对是否需要交叉操作;二是设定配对个体的交叉点,并对配对个体在这些交叉点前后的部分结构进行交换。下面针对二值编码介绍几种基本的交叉算子。

1)单点交叉。在个体串中随机设定一个交叉点,然后对两个配对个体在该点前后的部分结构进行互换,生成两个新个体。例如,

个体A:10010↑111→10010000个体A′

个体B:00111↑000→00111111个体B′

在本例中,交叉点设置在第1个和第5个基因座之间。交叉时,该交叉点后的两个个体的码串互相交换。于是,个体A的第1到第10个基因与个体B第5到第9个基因组成一个新的

个体A′。同理,可得到新个体B′。交叉点是随机设定的,若染色体长为l,则可能有l-1个交叉点设置。

2)两点交叉(Two-point Crossover)。首先随机设定两个交叉点,再对两个配对个体在这两个交叉点之间的码串进行互换,生成两个新个体。例如,

个体A:10↑0101↑11→10111011个体A′

个体B:00↑1110↑00→00010100个体B′

若个体长为l,则对于两点交叉来说,可能有$\frac{1}{2}(l-1)(l-2)$种交叉点的设置。

3)一致交叉。一致交叉是通过设定屏蔽字来决定新个体的基因继承两个旧个体中哪个个体的对应基因。当屏蔽字中的某位为1时,则交换该位所对应的父本的基因,否则不交换。例如,

个体A:10010111→10111010个体A′

个体B:00111000→00010101个体B′

5.遗传算法在自主机器人中的应用

自主类人机器人是近年来研究的热点,尤其是控制部分。在早期,很多机器人都是基于单片机控制系统,AVR单片机更是尤为重要。由于单片机控制和处理能力的限制,市场上的机器人基本上是半自主的,没有独立的处理能力。随着FPGA的快速发展,许多研究机构已经将FPGA和DSP结合起来对机器人进行控制。它们的组合克服了传统机器人的缺点,具有处理速度快、外界干扰少、稳定性好等优点。

基于上述思想,结合机器人的研究现状,提出了一种基于遗传算法和FPGA实现的机器人控制算法。该系统充分利用

遗传算法和FPGA图像处理能力的优势，设计出一种高效率的自主类人机器人。

机器人系统建模，实验机器人的各个关节由永磁交流伺服电机连接到二级减速器上，再将减速器连接到机械手的各臂上。根据电机绕组电压方程和电磁力矩平衡方程，得到被控对象的数学模型如表2-3所示。

表2-3 被控对象的数学模型

| | |
|---|---|
| $u(s)=(R+Ls)\times i+n\times w(s)\times\varphi$ | (1) |
| $T-T_1=J\times s\times w$ | (2) |
| $T=n\times\varphi\times i$ | (3) |
| $\varphi=\sqrt{\frac{3}{2}}\times M\times i$ | (4) |

遗传算法与传统的优化算法相比，遗传算法具有更好的鲁棒性。分析方法可分为间接法和直接法。间接法通过使目标函数的梯度为零，然后求解一组非线性方程组来寻求局部最优解。直接方法是根据梯度信息的最陡运动来寻求局部最优解。

在优化过程中，遗传算法的目标是染色体串，而不是参数本身。遗传算法不受查询女孩属性的限制，可以直接操作集合、队列、树、图等结构对象，使遗传算法具有非常广泛的应用。

同时在不同区域采用遗传算法进行空间采样，并对一组序列进行进化，它可以有效地防止搜索过程中的局部最优解，从而更有可能获得全局最优解。

遗传算法利用概率转移规则，以概率为工具引导搜索空间,激发搜索,搜索方向明确,具有比传统优化算法更高的搜索效率。

遗传算法具有隐式并行性的特点。这使遗传算法易于使用并行机,并行高速运行,大大提高了计算速度。隐式并行是遗传算法优于其他传统算法的关键。遗传算法对解的依赖性较小。遗传算法更适合于大规模复杂问题的优化。

机器人本体结构及其FPGA控制系统。机器人的各种运动由各关节轴系完成,各关节轴系由不同的电机控制。因此,机器人的控制就是控制电机,协调不同电机可以完成复杂的运动。

主控制模块是控制系统的大脑,负责整个机器人的信号采集、处理和运动规划。主控系统要求体积小、运行速度快、对机器人信息的处理准确、实时。主控制模块首先离线生成机器人的串行序列,然后与底层模块完成协调。

通信模块主要负责上位机与下位机之间的信息交换和传输。考虑到自主类人机器人控制信息量大,有时查询目标较远,所以选择CAN总线作为通信标准。CAN总线具有较高的可靠性和良好的检测能力,非常适合仿人机器人的通信方式。

底层控制模块是整个系统的底层,主要控制各个电机的运动,包括图像处理和算法分析,也是整个控制系统的核心部分。底层控制系统采用双DSP和FPGA主从结构。主DSP接收主模块的子任务,并将子任务转换为各关节的信号。

底部控制系统设计。该联合控制器由DSP最小系统、FPGA模块、PWM控制通道、电流监测回路、速度反馈回路、位置反馈回路、紧急故障保护、CAN通信等接口组成。控制器有3

个多通道缓冲串口,最高工作频率可达100 mHz,具有极快的中断响应和处理能力。

整个控制系统最复杂的部分是DSP外围复杂逻辑电路,它负责整个控制系统的地址解码、总线驱动、数模转换、数据采集等。

主处理器接收到信号由FPGA处理,然后再次处理和优化信号,并结合主机指令,然后产生PWM脉冲信号来控制电动机系统,最后通过光电隔离和驱动电路执行电机控制电机操作。

图像处理控制模块。机器人的控制能力与图像处理有很多关系,在机器人图像处理之前仅仅是通过软件来实现的,然而,这带来了很多不利因素。利用FPGA进行图像处理可以克服上述缺点。FPGA采用硬件模式进行程序控制。在FPGA上进行图像预处理,提取有用的特征,最后通过分类决策输出到DSP。

运动控制系统软件设计的关键是接收主计算机的运动控制指令。考虑到整个系统运行中不可避免的误差,采用遗传算法实现了速度和位置的双闭环PID控制。

主控计算机通过CAN总线通信协议发送运动指令,生成下一个运动周期各电机的旋转方向和角度控制参数。运动控制器接收到新数据后,DSP控制根据数据计算占空比,并产生相应的PWM波形来控制电机的旋转。然后将电机光电编码器传输的信号转换为关节的位置和速度。采用自适应模糊PID算法对速度和位置误差进行自调整模糊控制,计算所需执行量,调整PWM波形,使电机在每个运动周期内都能达到规定的速度和正确的位置。

控制算法的设计。传统的PID控制虽然可以自动优化，但在机器人运行过程中不能实时修改。机器人关节的承载能力随时间而变化，使物体的参数随时间而变化。如果仍然采用传统的PID控制方法，将会降低控制力。因此，我们加入了遗传算法来增强系统的鲁棒性和抗干扰能力，使控制性能达到较高的水平。系统采用双输入单输出模糊控制器。

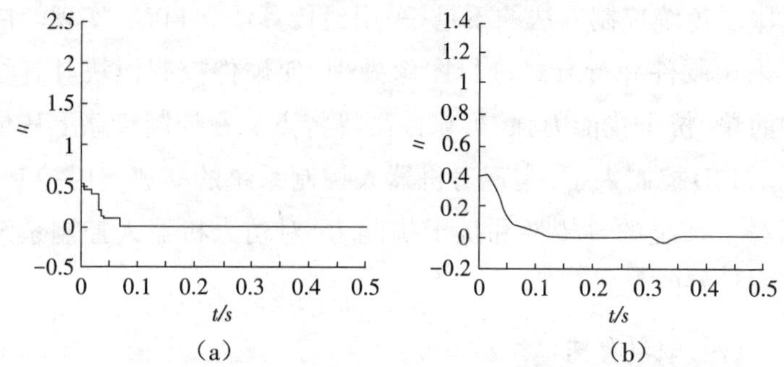


图2-16　传统的PID控制曲线(a)和基于遗传算法的控制曲线(b)

机器人的逆运动学在机器人研究中占有重要地位。它直接关系到机器人的运动分析、离线编程、轨迹规划等问题。随着机器人应用范围的扩大，对机器人的逆运动学提出了越来越多的要求。对于一些结构简单的机械手，可以很容易地求出其逆运动学。但在很多情况下，机器人的结构较为复杂，传统的代数求解方法和数值算法难以满足在线求解的要求。

遗传算法可应用于蜂窝机器人系统的结构优化和行为协调。细胞机器人系统是一个自重构的机器人系统，分散的层次结构，是一个非常复杂的非线性系统，几乎不可能对其进行精确建模。我们也可以用遗传算法来优化模糊控制、神经网络控制和模糊设计。即利用遗传算法优化模糊规则的数量和隶属函数的形状以及各个神经网络的连接权值和学习参数以及网络拓扑结构,这对于机器人的控制更加有效。

有效的编码表达式是遗传算法应用的关键,由于各种问题在机器人控制领域各不相同,而且每个问题的编码表达式也各不相同,因此求解遗传算法编码表达式已成为一个重要的研究课题。本文提出的控制系统可以直接嵌入机器人体内,克服了传统控制方法的不足,采用遗传算法和FPGA实现。同时采用硬件并行方式进行图像处理,使硬件控制模块具有结构简单、抗干扰能力强、可靠性高等特点。在控制策略上从传统的PID控制入手,实现对机器人控制系统的高速实时控制,提高了系统的鲁棒性和抗干扰能力,对仿人机器人控制系统具有较好的发展前景。

**(四)蚁群算法**

蚁群算法是对自然界蚂蚁的寻径方式进行模似而得出的一种仿生算法。蚂蚁在运动过程中,能够在它所经过的路径上留下一种外激素的物质进行信息传递,而且蚂蚁在运动过程中能够感知这种物质,并以此指导自己的运动方向。因此,由大量蚂蚁组成的蚁群集体行为便表现出一种信息正反馈现象:某一路径上走过的蚂蚁越多,则后来者选择该路径的概率就越大。

为了说明蚁群算法的原理,先简要介绍一下蚂蚁搜寻食物的具体过程。在蚁群寻找食物时,它们总能找到一条从食物到巢穴之间的最优路径。这是因为蚂蚁在寻找路径时会在路径上释放出一种特殊的信息素。当它们碰到一个还没有走过的路口时,就随机地挑选一条路径前行,与此同时释放出与路径长度有关的信息素。路径越长,释放的激素浓度越低。当后来的蚂蚁再次碰到这个路口的时候,选择激素浓度较高路径概率就会相对较大,这样形成正反馈。最优路径上的激素浓度越来越大,而其他的路径上激素浓度却会随着时间的流逝而消减。最终整个蚁群会找出最优路径。

1.简化的蚂蚁寻食过程

蚂蚁从A点出发,速度相同,食物在D点,可能随机选择路线ABD或ACD。假设初始时每条分配路线一只蚂蚁,每个时间单位行走一步,图2-17为经过9个时间单位时的情形:走ABD的蚂蚁到达终点,而走ACD的蚂蚁刚好走到C点,为一半路程。图2-18为从开始算起,经过18个时间单位时的情形:走ABD的蚂蚁到达终点后得到食物又返回了起点A,而走ACD的蚂蚁刚好走到D点。

假设蚂蚁每经过一处所留下的信息素为一个单位,则经过36个时间单位后,所有开始一起出发的蚂蚁都经过不同路径从D点取得了食物,此时ABD的路线往返了2趟,每一处的信息素为4个单位,而ACD的路线往返了一趟,每一处的信息素为2个单位,其比值为2:1。

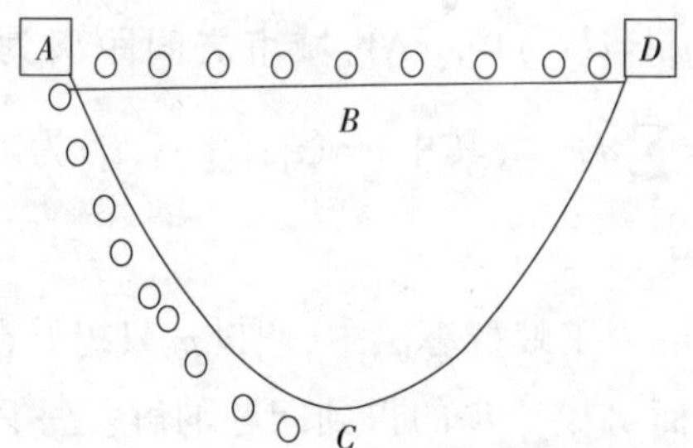


图2-17 经过9个时间单位的蚂蚁寻食过程

寻找食物的过程继续进行，则按信息素的指导，蚁群在ABD路线上增派一只蚂蚁（共2只），而ACD路线上仍然为一只蚂蚁。再经过36个时间单位后，两条线路上的信息素单位积累为12和4，比值为3:1。

若按以上规则继续，蚁群在ABD路线上再增派一只蚂蚁（共3只），而ACD路线上仍然为一只蚂蚁。再经过36个时间单位后，两条线路上的信息素单位积累为24和6，比值为4:1。

若继续进行，按照信息素的指导，最终所有的蚂蚁会放弃ACD路线，而都选择ABD路线。这就是正反馈效应。

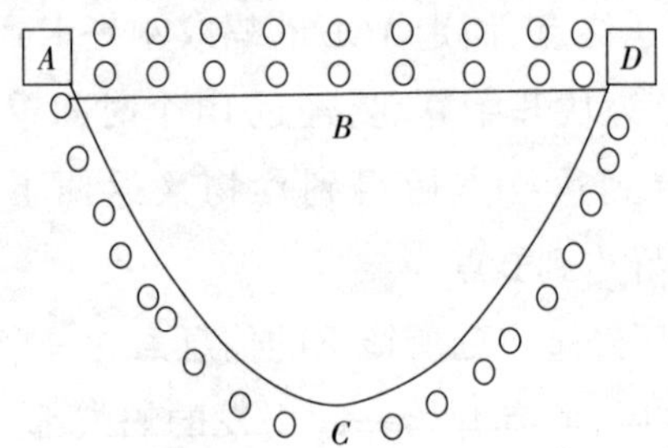


图2-18　经过18个时间单位的蚂蚁寻食过程

2. 蚁群算法与TSP问题

TSP问题表示为一个N个城市的有向图 $G=(N,A)$，其中 $N=\{1,2,\cdots,n\}A=\{(i,j)i,j\in N\}$，城市之间距离为 $(d_{ij})_{nxn}$，目标函数为 $f(w)=\sum_{l=1}^{n} d_{il-1il}$，其中 $w=(i_1,i_2,\cdots,i_n)$ 为城市 $1,2,\cdots,n$ 的一个排列 $i_{n+1}=i_1$。

TSP问题的人工蚁群算法中，假设 $m$ 只蚂蚁在图的相邻节点间移动，从而协作异步的得到问题的解。每只蚂蚁的一步转移概率由图中的每条边上的两类参数决定：①信息素值也称信息素痕迹；②可见度，即先验值。

信息素的更新方式有2种：①挥发，就是所有路径上的信息素以一定的概率进行减少，模拟自然蚁群的信息素随时间挥发的过程。②增强，给评价值“好”的边增加信息素。

蚂蚁向下一个目标的运动是运用当前所在节点存储的信息，计算出下一步可达节点的概率，并按此概率实现一步移动，逐此往复，越来越接近最优解。

蚂蚁在寻找过程中，或找到一个解后，会评估该解或解的一部分的优化程度，并把评价信息保存在相关连接的信息素中。

3.初始的蚁群优化算法——基于图的蚁群系统

初始的蚁群算法是基于图的蚁群算法，简称为GBAS，是由古特雅尔（Gutjahr）在2000年的未来的计算机系统（Future Generation Computing Systems）提出的，算法步骤：STEP0 对$n$个城市的TSP问题，$N=\{1,2,\cdots,n\}A=\{(i,j)|i,j\in N\}$城市间的距离矩阵为$(d_{ij})_{nxn}$，给TSP图中的每一条弧$(i,j)$，赋信息素初值$\tau_{ij}(0)=1/|A|$，假设$m$只蚂蚁在工作，所有蚂蚁都从同一城市$i_0$出发。当前最好解是$w=(1,2,\cdots\cdots,n)$。

步骤1（外循环）如果满足算法的停止规则，则停止计算并输出计算得到的最好解。否则使蚂蚁$s$从起点$i_0$出发，用$L(s)$表示蚂蚁$s$行走的城市集合，初始$L(s)$为空集，$1\leqslant s\leqslant m$。

步骤2（内循环）按蚂蚁$1\leqslant s\leqslant m$的顺序分别计算。当蚂蚁在城市$i$，若$L(s)=N$或$\{l|(i,l)\in A,l\notin L(s)\}=\varphi$，完成第$s$只蚂蚁的计算。否则，若$L(s)+N$且$T=\{l|(i,l)\in A,l\notin L(s)\}-\{i_0\}\neq\varphi$，则以概率$P_{ij}=\dfrac{\tau_{ij}(k-1)}{\sum_{i\in T}\tau_{ij}(k-1)}$，$j\in TP_{ij}=0,j\notin T$，到达$jL(s)=L(s)\cup\{j\}$，$i=j$；若$L(s)\neq N$且$T=\{l|(i,l)\in A,l\notin \mathrm{L}(s)\}-\{i_0\}=\varphi$则到达$i_0$，$L(s)=L(s)\cup\{i_0\}$，

$i=i_0$；重复步骤2。

步骤3 对 $1\leqslant s\leqslant m$，若 $L(s)=N$，按 $L(s)$ 中城市的顺序计算路径程度；若 $L(s)\neq N$，路径长度置为一个无穷大值（即不可达）。比较 $m$ 只蚂蚁中的路径长度，记走最短路径的蚂蚁为 $t$。

若 $f(L(t))<f(L(W))$，则 $W=L(t)$。用如下公式对 $W$ 路径上的信息素痕迹加强，对其他路径上的信息素进行挥发。

$\tau_{ij}(k)=(1-\rho_{k-1})\tau_{ij}(k-1)+\dfrac{\rho_{k-1}}{|W|}$，$(i,j)$ 为 $W$ 上的 $UI$ 条弧，$\tau_{ij}(k)=(1-\rho_{k-1})\tau_{ij}(k-1)$，$(i,j)$ 不是 $W$ 上的一条弧，得到新的 $\tau_{ij}(k)$，$k=k+1$，重复步骤1。

在步骤3中，挥发因子 $k$ 对于一个固定的 $k-1$，满足 $\rho\leqslant 1-\dfrac{\ln k}{\ln(k-1)}$，$k\geqslant K$ 并且 $\sum\limits_{k=1}^{\infty}\rho_k=\infty$。经过 $k$ 次挥发，非最优路径的信息素逐渐减少至消失。

以上算法中，在蚂蚁的搜寻过程中以信息素的概率分布来决定从城市 $i$ 到城市 $j$ 的转移。

4. 蚁群算法与文本的聚类处理

在TSP问题中，点与点之间是具有实际意义的距离的。但是在文本分类中，分布在平面上的文本节点只有相似度大小之分，没有实际意义。

TSP中的迭代是在所能接受的时间内尽可能地搜索各种路径，在这些路径中得到路径长度最短的。而文本聚类的迭代是把同属于一类的文本一次次的聚合，是一种层次关系。在TSP问题中，通过调节信息启发因子和期望值因子来调整探索路径的范围大小，达到搜索时间最少和结果最优之间的折衷。而文本的聚类同样需要调解状态转移函数，来达到聚类相似度和处理时间的折衷。

5.文本的聚类算法步骤

将文本节点散置在平面上，蚂蚁在散置点上爬行；э蚂蚁每次在选择下一个爬行节点时，总是选择相似度最大的节点。如果附近的节点相似度都偏低，则选择相似度在爬行了一个节点后，更新信息素。如果这两个节点是相似的，则蚂蚁释放信息素。否则，则不释放。

1）当满足了停止条件时，停止第一次迭代。

2）将第一次迭代中已被联通的节点聚合成一个点，蚂蚁再次开始在这些节点上爬行，进行第二次迭代。

3）当平面上的节点已经不能被连通时，停止迭代。

6.实验分析

该实验采用C++语言对已经得到特征词的文本进行分析，来验证聚类算法的可行性。在实验中，当文本节点的特征词矩阵是2维，相似度阈值设定为0.5时，聚类的正确率达到近80%，同时属于若干类别的文本不能清晰地聚合。当文本相似度阈值设定为0.6时，聚类正确率会有显著提高。因为对相似度的要求提高，处于交叉范围的文本数量会相应减少。

在实验中存在的问题：若蚂蚁遍历完所有节点再聚合，其他的蚂蚁就会重复计算已处理过的节点，这将会增大计算开销。若蚂蚁选择好一步就聚合节点，若被合并的节点恰好同时又属于其他的类别，则聚类结果不完全。

该算法在做了改进：如果对计算时间要求高，则在蚂蚁选择好后立即聚合节点；如果对处理结果要求高，时间要求低，则在所有蚂蚁遍历完所有节点一遍后再进行聚合，这样就不会产生文本同时属于若干类别的现象。

蚁群算法是一个非常具有发展潜力的仿生算法,而文本的聚类又一直受到人们的关注。因此,蚁群算法在文本聚类中的应用将会得到更大的优化。

## 第四节 智能建模理论与方法

### 一、建模方法概述

为了设计一个优良的控制系统,必须充分地了解受控对象、执行机构及系统内一切元件的运动规律,即它们在一定的内外条件下所必然产生的相应运动。内外条件与运动之间存在的因果关系大部分可以用数学形式表示出来,这就是控制系统运动规律的数学描述,即所谓数学模型。模型可以用微分方程、积分方程、偏微分方程、差分方程、代数方程、状态方程和传递函数来描述,建立这些方程的过程称为系统建模。系统建模是自动化领域里的一个重要工作内容。系统建模方法通常有两种。

#### (一)白盒法(机理建模)

所谓"白盒"就是当我们要求系统的数学模型时,需要知道系统本身的许多细节,诸如这个系统由几部分组成,它们之间怎样连接,它们相互之间怎样影响等。这种方法不注重对系统的过去行为的观察,只注重系统结构和过程的描述。只有对系统的机理有了详细的了解之后,才可能得到描述该系统的数学模型,这就是所谓机理建模。

机理建模的优点是它具有较严密的理论依据,在任何状态下使用都不会引起定性的错误。建模时,首先对系统进行分析和类比,再做出一些合理的假设,以简化系统并为建模提供一定的理论依据,然后再根据基本的物理定律建立相应的数学模型。当对一个系统的工作机理有了清楚全面的认识,而且过程能用成熟的理论进行描述时,便可采用机理法建模。

机理法建模的缺点是它没有一个普适的方法,要视所要求解的问题,根据物理意义来进行求解。

**(二)"黑盒"法(试验建模)**

所谓"黑盒"法,是对一个系统加入不同的输入(扰动)信号,观察其输出。根据所记录的输入、输出信号,估计出表达这个系统的输入与输出关系的一个或几个数学表达式的结构和参数。这种方法认为系统的动态特性必然表现在这些输入/输出数据中。因此,它根本不去描述系统内部的机理和功能,只关心系统在什么样的输入下产生什么样的响应。这种方法建模必须通过现场试验来完成,称为系统辨识建模方法,即试验建模[①]。

试验建模法的优点是它是一种具有普遍意义的方法,能适合任何复杂结构的系统及过程。其缺点是如果对被辨识系统加入的扰动信号不能激励出系统的全部内部状态,那么得到的模型精度会很差,有时根本不能代表所辨识的系统。

用试验法建立系统的数学模型,根据试验时加到系统上的

①高新民,张文龙. 自主体人工智能建模及其哲学思考[J]. 自然辩证法研究,2017,33(11):3-8.

扰动信号形式的不同,分为时域法、频域法和相关统计法。其中以时域法应用最为广泛,也是目前工程实际中应用最多的方法。其主要内容:给系统人为地加入一个扰动信号,记录下响应曲线,然后根据该曲线估算出对象的传递函数。作用到对象的扰动信号形式一般有阶跃扰动和矩形脉冲扰动。由阶跃扰动作用下的对象动态特性为阶跃响应曲线,即飞升曲线。阶跃响应曲线能比较直观地反映对象的动态特性,特征参数直接取自记录曲线而无需经过中间转换,试验方法也很简单。但是并不是所有的系统都允许加入阶跃扰动的,而且对扰动幅值也有限制。

由脉冲扰动作用下的对象动态特性曲线叫作矩形脉冲响应曲线,要取得对象的传递函数,还需将该脉冲响应曲线转换成阶跃响应曲线,再由该等效的阶跃响应曲线取得对象的传递函数。因此矩形脉冲特性试验,一般是在阶跃扰动试验无法测得一条完整的响应曲线的情况下采用的一种方法。

所谓频域法是在系统的输入加入一个正弦信号,记录其输出,该输出是时域响应,再根据这些实验数据推算出它的频率响应曲线。有了频率响应后,就可以利用伯德图求出系统的传递函数。由于不能直接测得系统的频率响应,必须通过计算得到,而且求取传递函数时也必须近似求得,所以频率响应法比较繁杂,精度也较差,有较少的实际应用。

阶跃响应法、脉冲响应法和频率响应法原则上只在高信噪比的情形下才是有效的,这是上述辨识方法的致命缺点。然而在工程实际中,所获得的数据总是含有噪声的。相关分析法正是解决这类辨识问题的有效方法。

相关分析法的理论基础是，当系统存在随机干扰时，在系统输入加入一个任意的扰动信号，测取系统的实际输入和输出，用数值计算的方法近似计算出它们之间的互相关函数，在一定条件下，这个互相关函数等价于真实的输出与输入之间的互相关函数。因此，可以通过这个互相关函数求得系统的脉冲响应。

最小二乘法也是解决含有噪声的系统辨识的一种有效方法。最小二乘法是在18世纪末由高斯提出来的。后来，最小二乘法就成了估计理论的奠基石。现在最小二乘法已广泛应用于系统辨识中。所谓最小二乘法，就是系统在一定的输入激励下，测得系统的实际输出，同时把这个输入作用在一个假定的模型上，记录下这个模型的输出，当实际输出与模型输出的偏差的平方和达到最小时，这个模型输出能最好地接近实际过程的输出。这个模型就是所要辨识的系统模型。由此也可以看出，相关分析法和最小二乘法都属于时域试验建模方法。

虽然在18世纪就有了最小二乘法，但最小二乘辨识方法在工程上的应用却较晚，其原因还是缺乏计算工具的问题。到了20世纪80年代PC出现后，人们才又开始致力于最小二乘辨识算法以及基于最小二乘算法发展起来的一些其他算法，如相关最小二乘、广义最小二乘、增广最小二乘、辅助变量、极大似然算法等在实际工程中的应用研究。

“黑盒”法和“白盒”法都有自身的缺点，有时为了验证模型的正确性，把两种方法相结合作为互为验证、互为补充，提高模型的精度。把这种结合的方法称为“灰盒”法。

例如，当通过机理分析出系统的数学模型结构时，就可以把系统辨识的问题简化成参数辨识的问题，再把参数辨识的问题转化成参数优化的问题。

## 二、智能辨识原理

系统辨识的过程实质上就是函数拟合的过程，这里包括传递函数的结构和参数。因此，所要面临的是结构优化和参数优化的问题。如果已经对系统有了一定的了解，那么可以先给出系统模型描述函数的结构，然后辨识出函数中的参数即可，即把结构（函数）优化问题转化成参数优化问题。

假设在时间域里，系统输入与输出的关系为

$$y(t)=fu[(t)]$$

$$t=kT_s,(k=1,2,\ldots,M,T_s)$$

令，代入式有

$$y(kT_s)=f[u(kT_s)],k=1,2\ldots,M$$

现在的问题是，当测得实际系统的M组输入输出数据$u(kT_s)$和$y(kT_s)$时，怎样估计一个能与T达到合理匹配的已知函数$f_g$，使采集到的数据满足：

$$y(kT_s)=f_g[u(kT_s)],k=1,2,\ldots M$$

$f_g$即为所求的系统模型，它在一定精度上可以代表系统的真实模型了。

并不是所有采集到的数据都是可利用的，只有当系统的输入$u(t)$也发生变化能够激励系统输出$y(t)$也发生变化，而且y$(t)$激励的时间足够长，能激励出系统的全部状态，在这段激励时间内对系统进行连续采样所得到的数据才是可用的，这些数据蕴含着系统的全部动态信息。

估计模型$f_g$是在系统的输入/输出都是确定量的前提下的

数学模型,实际中系统往往存在各种难以精确描述的因素,如数学模型中未加考虑的各种干扰作用;模型线性化和其他近似假设引起的误差;输入量和输出量的测量误差等。因此,输入/输出的测量数据不可能完全满足上式,实际系统的估计模型应该用$y(kT_s)=f_g[u(kT_s)]+e(kT_s)$,$k=1,2,\ldots,M$来描述。其中$e(kT_s)$称为残差。

显然,残差$e(kT_s)$与估计模型$f_g$的参数有关,对参数的估计不同,就会产生不同的残差。但无论用什么方法对参数进行估计,需要的是残差$e(kT_s)$的绝对值越小越好,即希望$e(kT_s)$趋向于零。因此,定义误差指标函数

$$Q=\sum_{k=1}^{M}\{y(kT_s)-f_g[u(kT_s)]\}^2=\sum_{k=1}^{M}e^2(kT_s)$$

使Q达到极小的参数估计即为所求,并称为最小二乘估计。

现在已经把模型辨识的问题转化成了参数优化的问题。根据工程经验,估计出模型$f_g$的结构,在系统运行的历史数据中,找出适合于辨识的一序列输入/输出数据$\{u(kT_s,y(kT_s))\}$,选择一种比较成熟的优化算法即可优化出系统的数学模型。

在经典最小二乘算法里,估计模型$f_g$的结构是差分方程的型式,这主要是为了推导递推算法和批处理算法的方便,现在改用最优化方法估计参数模型,模型结构的选择可以更灵活,特别是选择高阶惯性、传递函数模型时,对采集来的数据具有滤波功能,因此,得到的辨识结果更准确。

### 三、基于粒子群算法的智能辨识

任何智能优化算法都可以用于参数辨识。作者仅讨论使用粒子群算法进行参数辨识时的一些问题,其他智能算法的

使用与粒子群算法是相同的。

**(一)采样数据选取原则**

机理建模过于复杂,实验建模又必须得到现场的配合,因为这些因素的存在,辨识理论虽然在20世纪80年代就已发展成熟,但是热工系统建模实际上仍然停留在理论层面,实际应用并不多。20世纪90年代以后,国内大部分电厂陆续引进分散控制系统和厂级监控信息系统,使大量的热工过程运行和调整数据可以方便地保存、查看。通过对海量的现场运行数据分析,发现数据中隐藏着大量有用的信息,同时利用系统辨识技术,为热工过程建模开辟了一条实用之路。

用于模型辨识的数据能不能正确反映输入输出之间的关系是辨识结果好坏的关键,利用运行数据进行模型辨识首先需要对所关注对象的结构、特性有深刻认识,确定感兴趣和关键的变量,其次观察对比大量历史曲线,遴选出可用的数据,剔除坏的数据和无价值的数据,选择时需要注意以下三点。

传递函数的定义是在某一初始状态下输出对输入的转移能力,是针对偏差的转移能力,所以输入数据应有一定的起伏,信噪比尽量大,太小的数据波动会被干扰噪声淹没。最好选取机组负荷小范围动态过程中的数据,以保证所有的数据都处于变化过程中。

现代工程中的生产过程一般都是由多个变量交织在一起的祸合系统组成,即是一个较为复杂的多变量系统。对于多变量系统的辨识问题一直都没有一个很有效的方法。现在都是选择多输入系统中的某一个输入对应系统的某一个输出进行辨识,让其他输入尽量保持不变,即把多输入多输出(Multiple-Input Multiple-Output,MIMO)系统变成单输入单输出系统(simple input simple output,SISO)系统来处理。因此,选择的输出变量的波动应该是由单一输入变量引起的,这就要求观察影响输出变量的所有因素,根据经验判断出输出变量的响应是否是对输入变量的正确反应。

采样数据段最好起始于某个稳定工况点或终止于某个稳定工况点。如果起始于某个工况点,数据序列反映的是系统从某一稳态开始的动态过程,这样便于在进行辨识工作时确定所采样数据的"零初始值"点;如果是终止于某个稳定工况点,由于各状态变量的初始值不确定,就必须对各状态变量的初始值进行辨识,这样增加了辨识难度。

**(二)采样周期的选择**

采样周期的选择取决于被辨识对象的主要频带中的最高频率(或截止频率)。但是在辨识前估计出最高频率或截止频率都是非常困难的,所以还是靠经验或试验来确定采样周期。

下面给出估计采样周期的经验公式

$$T_s = \frac{T_f}{500} \sim \frac{T_f}{100}$$

式中:$T_f$为系统在阶跃扰动作用下可能的过渡过程时间。

为了不丢失有用的信息,应当采用较小的采样周期。但是,当采样周期选得过小时,会使采样点邻近的数据基本相等,容易使优化算法收敛性变差,出现早熟现象,甚至导致辨识失败。

如果采样周期过大,丢掉了系统的一些有用信息,而使模型变得粗糙,表现为系统降为低阶系统。

经过大量的辨识实验发现，对采样周期的选择并不那样苛刻，可以在很大的范围内进行选择。

**（三）参数区间的选择**

把要讨论的被辨识参数的区间称为论域。论域的选择是非常重要的。当选择的论域太宽时，容易使智能优化算法陷入“早熟”，表现为得到的优化结果是局部最优，而用在参数辨识时，得到的参数是不可信的，辨识失败。当论域太窄时，全局最优点可能不在论域内，同样会导致辨识失败。因此，不主张使用Ⅷ型和ⅣⅤ型模型结构，因为这两种模型参数太多，物理意义又不明显，很难选择参数的论域。

参数论域的选择还是凭专家的经验，或者通过多次辨识试验获得。例如，对于300MW和600MW火电机组的汽温系统来说，如果选择型Ⅲ模型结构，则可估计出参数的论域为

$$n\in(2,5),K\in(0.0001,100),T\in(10,500),\tau\in(0,500)。$$

# 第三章 智能控制技术

## 第一节 模糊控制的基本原理

### 一、模糊控制的基本思想

#### (一)模糊控制思想

在自动控制技术出现之前,人们在生产、生活过程中只能采用手动控制方式来达到控制某一对象运动状态的目的。比如,在日常生活中,当拧开水龙头往一空桶接水时,常常会有这样的生活经验:①当桶里水很少时,应开大阀门;②当桶里的水比较多时,应关小阀门;③当桶中的水快满时,应把阀门关很小;④当桶中的水已经满时,要迅速关死阀门。

在以上的手动控制过程中,首先,是由人通过眼睛的观察(检测作用)来检测水桶(被控对象)的水位(输出);然后,大脑要经过一系列的推算从而做出正确的决策(控制量;最后,由手动来调节阀门的开度大小,使桶里的水(被控对象的输出)达到预期的目标,即用最短的时间接满一桶水而又不溢出一滴水。人们就是这样不断地通过检测、判断、调整等一系列动作来完成对接水过程的手动控制。在这里,眼睛相当于传感器,大脑就是控制器,手作为执行机构,在最短的时间内接满一桶水且不溢出则是控制目标。按照控制理论的思想来看待上述过程，则这个接水过程就是一个典型的液位控制系统，如图3-1所示。

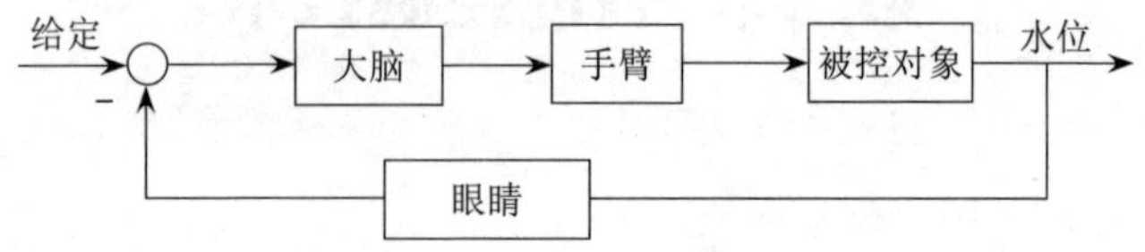


图3-1 液位的手动控制方法

在上述手动液位控制中，人的控制过程是用语言来描述的，表现为一系列条件语句，也就是所谓语言控制规则。在描述以上控制规则的条件语句中存在一些词，如“很少”“较多”“快满”“大”“小”等概念均具有一定的模糊性，这些概念没有明显的外延，但却反映了事物的物理特性。物理特性的提取要靠人的直觉和经验，这些物理特征在人脑中是用自然语言抽象成一系列的概念和规则的，自然语言的重要特点是具有模糊性。人可以根据这些不精确信息进行推理而得到有意义的结果，那么怎么用机器来模仿这样的过程呢？用于描述的数学工具就是扎德提出的模糊集合论，或者说模糊集合论在控制上的应用。模糊集合和模糊逻辑的出现实时地解决了描述控制规则的条件语句中如“很少”“较多”“快满”“大”“小”等具有一定模糊性的词语①。

目前，模糊控制主要还是建立在人的直觉和经验的基础上，这就是说，操作人员对被控系统的了解不是通过精确的数学表达式，而是通过操作人员丰富的实践经验和直观感觉。

①赵宝明．智能控制系统工程的实践与创新代[M]．北京：科学技术文献出版社，2014.

有经验的模糊控制设计工程师可以通过对操作人员控制动作的观察和与操作人员的交流，用语言把操作人员的控制策略描述出来，以构成一组用语言表达的定性的推理规则。将这些推理规则用模糊集合作为工具使其定量化，设计一个控制器驱动设备对复杂的工业过程进行控制，这就是模糊控制器。

**（二）模糊控制系统的基本组成**

模糊控制系统具有数字控制系统的一般结构形式，其系统组成如图3-2所示。由图可知，模糊控制系统通常由模糊控制器、输入/输出接口、执行机构、被控对象和测量装置等五个部分组成。

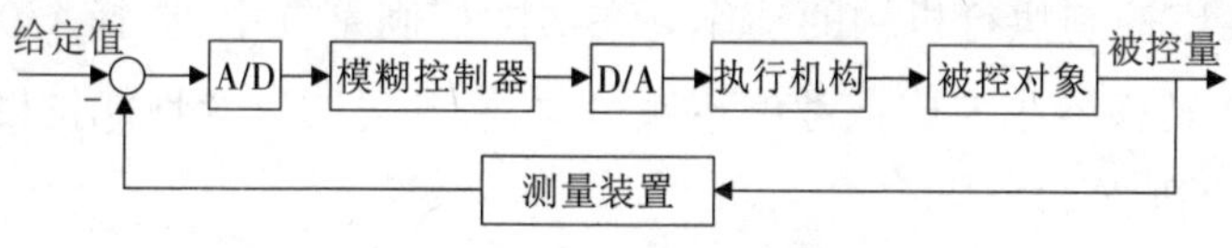


**图3-2　模糊控制系统方框**

1.被控对象

被控对象可以是一种设备或装置及其群体，也可以是一个生产的、自然的、社会的、生物的或其他各种状态转移过程。这些被控对象可以是确定的或模糊的、单变量的或多变量的、有滞后或无滞后的，也可以是线性的或非线性的、定常的或时变的以及具有强耦合和干扰等多种情况。对于那些难以建立精确数学模型的复杂对象，更适宜采用模糊控制。

2.执行机构

除了电气机构，如各类交、直流电动机，伺服电动机、步进电动机，还包括气动或液压机构，如各类气动调节阀和液压电动机、液压阀等。

3.模糊控制器

它是整个系统的核心,实际常由微处理器构成,主要完成输入量的模糊化、模糊关系运算、模糊决策以及决策结果的非模糊化处理(精确化)等重要过程。

4.输入/输止接口电路

该接口电路主要包括前向通道中的A/D转换电路以及后向通道中的D/A转换电路等两个信号转换电路。前向通道的A/D转换把传感器检测到的反映被控对象输出量大小的模拟量转换成微机可以接受的数字量,送到模糊控制器进行运算;D/A转换把模糊控制器输出的数字量转换成与之成比例的模拟量,控制执行机构的动作。在实际控制系统中,选择A/D和D/A转换器主要应该考虑转换精度,转换时间以及性能价格等三个因素。

5.测量装置

它是将被控对象的各种非电量,如流量、温度、压力、速度、浓度等转换为电信号的一类装置。通常由各类数字或模拟的测量仪器、检测元件或传感器等组成。它在模糊控制系统中占有十分重要的地位,其精度往往直接影响整个系统的性能指标。因此,在模糊控制系统中,应选择精度高并且稳定的传感器,否则,不仅控制的精度没有保证,而且可能出现失控现象,甚至发生事故。

在模糊控制系统中,为了提高控制精度,要及时观测被控量的变化特性及其与期望值的偏差,以便及时调整控制规则和控制量输出值,因此,往往将测量装置的观测值反馈到系统输入端,并与给定输入量相比较,构成具有反馈通道的闭环结构形式。

### (三)模糊控制器的组成

模糊控制器的组成如图3-3所示。它包括输入量模糊化接口、数据库、规则库、推理机和输出解模糊接口五个部分。

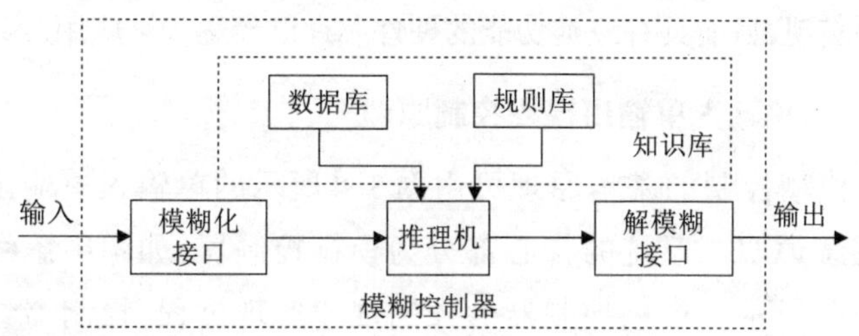


**图3-3 模糊控制器的组成**

1.模糊化接口

模糊控制器的输入必须通过模糊化才能用于模糊控制输出的求解。因此,它实际上是模糊控制器的接口,主要作用是将精确的输入量转换成一个模糊矢量。

2.数据库

数据库存放的是所有输入、输出变量的全部模糊子集的隶属度矢量值,若论域为连续域,则为各变量的隶属函数。在规则推理的模糊关系求解中,数据库向推理机提供数据。但要说明的是,输入、输出变量的测量数据集不属于数据库存放范畴。

3.规则库

规则库是用来存放全部模糊控制规则的机构,在推理时为"推理机"提供控制规则。规则库和数据库两部分组成了整个模糊控制器的知识库。

4.推理机与解模糊接口

推理机是模糊控制器中,根据输入模糊量,由模糊控制规则完成模糊推理并获得模糊控制量的功能部分。解模糊接口则是完成对输出量的解模糊，提供一个可以驱动执行机构的精确量。推理机与解模糊通常由模糊控制器设计过程中编制的推理算法软件实现，目前具有该类功能的硬件芯片已经逐步被应用。

## 二、单输入单输出模糊控制原理

模糊控制的基本原理可由图3-4所示的单输入单输出控制系统说明。系统的核心部分为模糊控制器，如图中虚线框中部分所示。模糊控制器的控制规律实现过程：控制器经中断采样获取被控量的精确值，然后将此量与给定值比较得到偏差信号。一般选偏差信号作为模糊控制器的一个输入量。把偏差信号的精确量进行模糊量化变成模糊量$E$，模糊量$E$可用相应的模糊语言值表示。至此，得到了偏差的模糊语言集合的一个子集$E$。再由$E$和模糊关系尺根据推理的合成规则进行模糊推理，得到的模糊控制量$u$为$u=ER$。

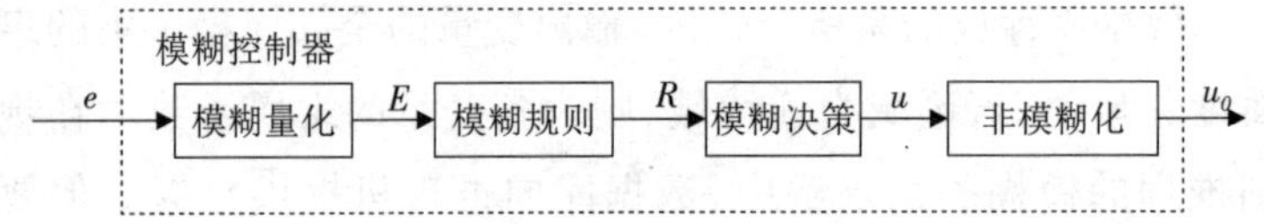


图3-4　模糊控制器原理

为了对被控对象施加精确的控制，还需要将模糊控制量$u$转换为精确量$u_0$，这一步骤在图3-3中称为非模糊化处理。得到精确的数字控制量后，经D/A转换成精确的模拟量送给执行机构，对被控对象进行一步控制。然后中断等待第二次采样，进行第二步控制。这样循环下去，就实现了被控对象的模糊控制。

# 第二节 模糊逻辑控制器及模糊控制系统设计

## 一、模糊控制器结构设计

### (一)输入输出变量的确定

由于人对具体事物的逻辑思维一般不超过三维,所以基于经验提取的模糊控制输入变量一般也不超过三个。在手动控制过程中,基于偏差控制思想,偏差、偏差的变化以及偏差变化的速率是最主要的控制信息。但是人对偏差、偏差变化以及偏差变化的速率这三个信息的敏感程度是完全不同的。人对偏差最为敏感,其次是偏差变化的速率,最后是偏差变化的速率。比如,飞机追击的目标为一敌机,驾驶员为了追上目标,首先观测的是偏差,其次是偏差的变化情况,综合这两方面的情况,驾驶员进行操纵飞机追击目标。但是还必须提出,单凭偏差、偏差的变化这两个信息量还是不充分的,驾驶员还需第三个信息,即偏差变化的速率,信息才能完整充分。驾驶员根据这三个信息量在头脑中加以权衡决策,给出必要的操纵,不断地观测,不断地调整,最终逼近目标。

由于模糊控制器的控制规则是根据手动控制的大量实践总结出来的。因此,模糊控制器的输入变量自然也有三个,即偏差、偏差的变化和偏差变化的速率;而输出变量则一般选择为控制量的变化,即增量。对于复杂被控对象,输出变量可以有多个。

### (二)模糊控制器结构的选择

所谓模糊控制器的结构选择,就是确定模糊控制器输入、输出变量。通常模糊控制器根据输入输出物理变量的个数分为单变量模糊控制器和多变量模糊控制器,而不是以控制器输入输出量的个数来分。因为在模糊控制系统中,往往把一个被控制量的偏差、偏差变化和偏差变化的速率作为模糊控制器的输入。从形式上看,这时的输入量应该是三个,但它们所反映的还是同一个物理量。因此,通常把这样的模糊控制器称为单变量模糊控制器。

模糊控制器输入变量的个数,称为模糊控制器的维数。如果模糊控制器有一个输入变量,那么该控制器称为一维模糊控制器;如果模糊控制器有两个输入变量,那么该控制器称为二维模糊控制器。类似地,如果模糊控制器有三个输入变量,那么该控制器称为三维模糊控制器①。

图3-5是一维、二维和三维模糊控制器的结构。模糊控制器的维数越高,控制效果就越好,但维数的增加会使算法实现困难增大。由于一维模糊控制器的输入变量只选择偏差,很难反映受控过程的动态特性品质,所以它的动态性能不佳。目前,用的最多的是二维模糊控制器,三维及三维以上的多维模糊控制器会使控制规则复杂化,推理运算时间加长,除非对动态特性要求特别高的场合,一般较少选用三维模糊控制器。如图3-5所示。

①邢英楠. 智能控制理论与系统应用[J]. 卷宗,2018(30):185.

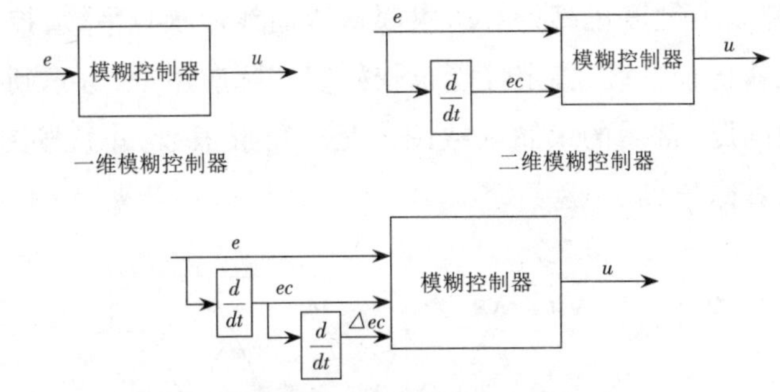


图3-5　模糊控制器的维数

## 二、模糊控制规则设计

### (一)各模糊变量的模糊子集隶属函数的选择

1.语言值的隶属函数曲线形状与系统性能的关系

隶属函数曲线形状一般应对称于中心值分布,但对于相同类型的隶属函数曲线而言,不同的隶属函数曲线形状会导致不同的控制效果。图3-6所示的三个模糊子集A、B、C的隶属函数曲线形状不同,当输入变量在A、B、C上变化相同时,由此所引起的输出变化是不同的。A的形状最尖,它的分辨率也最高;C的形状最缓,它的分辨率最低;B的分辨率居中。

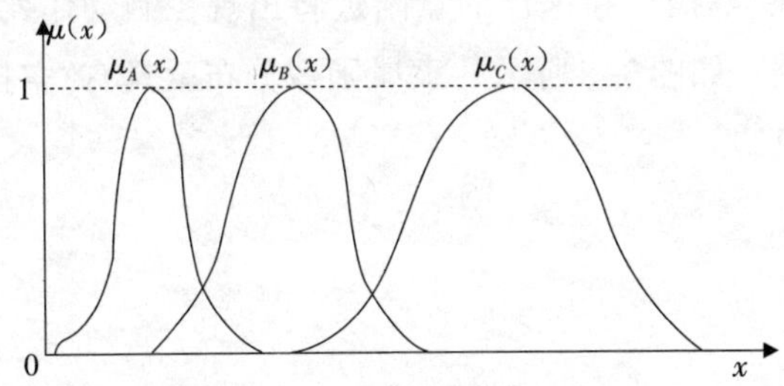


图3-6　不同形状的隶属函数

因此,隶属函数曲线形状较尖的模糊子集,其分辨率较高，控制灵敏度也高；相反，隶属函数曲线形状较平缓，控制特性也就比较平缓，稳定性能也较好。实际应用中，考虑到计算量的问题，常用的隶属函数图形是三角形函数，并且按图3-7所示对称分布。

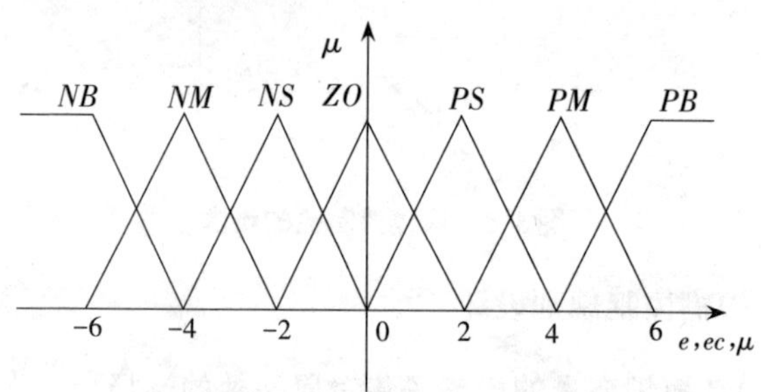


图3-7　三角形隶属函数的分布

2.语言值的隶属函数分布与系统性能的关系

为了使控制系统在要求的范围内能够很好地实现控制，在选择描述某一模糊变量的各个模糊子集时，要使它们在整个论域上分布合理，隶属函数的分布必须覆盖语言变量的整个论域。通常的方法：在定义这些模糊子集时要注意使论域中任何一点对这些模糊子集的隶属度的最大值不能太小，否则，将会出现“空挡”，在这样的点附近将出现控制动作死区，从而导致失控。如图3-8所示的隶属函数分布就具有“空挡”，这是应当避免的。

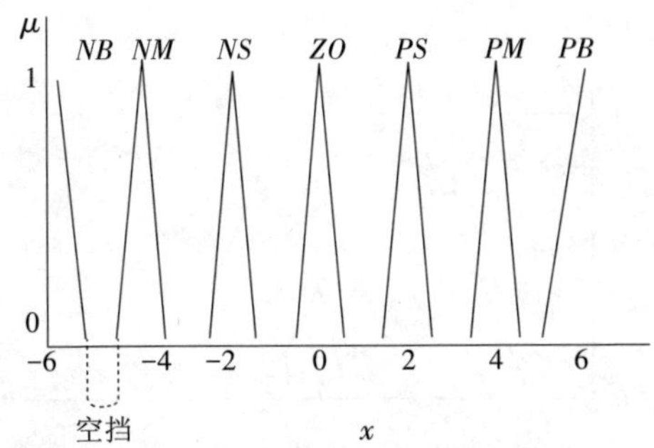


图3-8 出现“空挡”的语言值的隶属函数分布

基于隶属函数分布对系统性能的影响，有人提出非均匀分布的隶属函数，隶属函数在靠近中心点附近分布较密，在远离中心点区域分布较疏，即在偏差较大的区域采用低分辨率的模糊集合，在偏差较小的区域选择较高分辨率的模糊集合，在偏差接近于零时选用高分辨率的模糊集合，达到了控制精度高而稳定性好的控制效果。

3.语言值的隶属函数相互关系与系统性能的关系

相邻隶属函数的相互关系对系统性能的影响程度，一般可用$a$值（两个模糊子集的交集的最大隶属度）大小来描述，如图3-9所示。当$a$值较小时，控制动作的灵敏度较高；而$a$值较大时，具有较好的适应系统参数变化的能力。$a$值不宜取得过小或过大，若$a$值取得过小，控制动作变化太剧烈，系统不易稳定运行；$a$值取得过大，则两个模糊子集难以区分，造成控制灵敏度大大下降，控制精度得不到保证。一般合理的$a$取值范围是$0.4 \leqslant a \leqslant 0.8$。

需要注意的是，不应该发生3个隶属函数相交叠的状态，会使逻辑发生混乱。

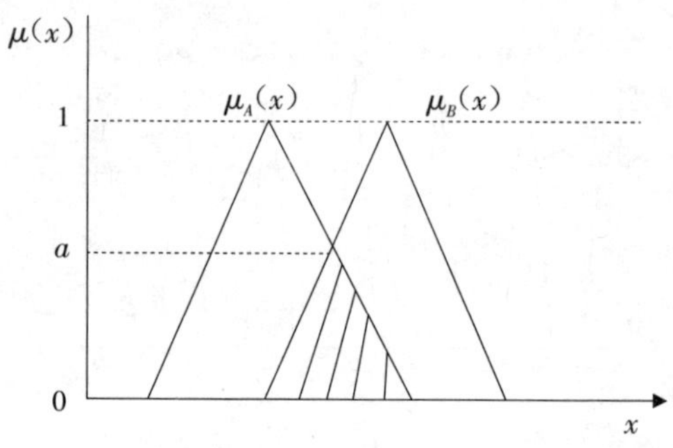


图3-9　不同模糊子集的相互关系

4.语言值的隶属函数数目与系统性能的关系

变量所取隶属函数通常是对称和平衡的。一般情况下，描述变量的模糊集合安排得越多，模糊控制系统的分辨率就越高，其系统响应的结果就越平滑；但模糊规则增多，计算时间会增加，设计困难也加大。如果描述变量的模糊集合安排得太少，则其系统的响应可能会太不敏感，并可能无法及时提供输出控制跟随小的输入变化，导致系统的输出在期望值附近振荡。实践表明，论域中元素个数应大于13个，一般取3～9个描述变量的模糊集合为宜，并且通常取奇数个。当论域元素总数是描述变量的模糊集合总数的2～3倍时，模糊集合对论域的覆盖程度较好。在“零”“适中”或“正常”集合的两边，模糊集合通常是对称的。

**(二)模糊控制器的硬、软件实现**

采用专用的单片模糊微处理器实现模糊控制算法称为模糊控制器的硬件实现。比较有代表性的模糊微处理器是美国Neurol Logic公司在20世纪90年代开发出来的NLX230芯片，它可以根据输入状况，按模糊逻辑原理计算出一个优化的控制作用,从而通过并行操作来控制输出。它的运算速度可达3000万条/s。与之配套的开发系统是ADS230,它提供了NLX230所需的硬件与软件,用以对NLX230多项特性和操作方式的开发。但在实际应用中,这类芯片价格较高,只有那些非常复杂和速度上有苛刻要求的应用才可能需要用到模糊逻辑专用芯片。例如,输入变量多于10个时,软件推理实时性较差,此时就得采用模糊逻辑专用集成电路。

实际应用最多的是模糊控制的软件实现,模糊控制的软件实现基本上有两种方法。

1.模糊控制算法的在线实现

涉及模糊化,控制规则评价和解模糊的严格实时数学计算。在Matlab模糊逻辑工具箱的帮助下,可将模糊程序植入基于SIMULINK的仿真系统中以测试其性能,并进行精细调节,然后通过模糊推理编译器生成标准C程序,对该程序进行编译并将其下载到DSP或商业化的ASIC芯片等控制器中用于执行。这种方法可以完成在线推理,参数调整很方便,控制实时性好,但对芯片配置要求较高。另外,借助于专用的模糊控制通用软件,也可以在工控机上实现模糊控制,用于过程控制。这类系统大多支持标准的MS-Windows接口,可生成C语言、汇编语言、Java等,在Windows环境下提供图形设计风格,构成可视化的系统仿真,开发环境十分简单灵活。此外,当前许多可编程逻辑控制器(PLC)也配备有模糊逻辑控制软件程序,使用很方便。

2.查表法

它是模糊控制算法的离线实现。设计人员将事先已完成的所有输入/输出静态映射计算结果存储在一个大的查询表中。有时不仅只有一张查询表,还可有各种等级的查询表。然后将查询表用程序写入单片机等控制器内,用以实时执行。当用于精确控制时,查询表虽然需要大量的存储空间,但其执行速度很快。这种方法实现简单,可用标准的低价格的微处理器解决复杂的控制问题。目前大部分模糊控制的应用是通过在单片机上运行模糊控制算法实现的,在绝大多数的模糊逻辑控制应用中,普通8位单片机已完全满足一般要求。这种方法不足的是一般只适用于离线有限论域的情况,控制程序不能实现在线推理,只能依据事先编好的控制表进行查询,改变控制规则和隶属函数曲线形状较困难。

## 第三节 神经网络与神经网络控制

### 一、神经网络基础

#### (一)生物神经元与人工神经元

1.生物神经元的结构

生物神经元,也称神经细胞,是构成神经系统的基本单元。虽然神经元形态与功能多种多样,但都主要由细胞体、轴突、树突和突触构成。

(1)细胞体

根据生物学知识,细胞体由细胞核、细胞质和细胞膜等组成,其大小差异很大,小的直径仅5~6$\mu m$,大的可达100$\mu m$以上。细胞体是生物神经元的主体,也是生物神经元的新陈代谢中心，还负责接收并处理从其他生物神经元传递过来的信息。细胞体的内部是细胞核，外部是细胞膜。细胞膜外是许多外延的纤维，细胞膜内外有电位差，称为膜电位。电位极性膜外为正，膜内为负。

(2)轴突

轴突是神经细胞的细胞本体长出的突起，功能是传递细胞本体的动作电位至突触。在神经系统中，轴突是主要的神经信号传递渠道。大量轴突牵连一起，因其外型类似而称为神经纤维。单个轴突的直径大约在微米量级，但是其长度范围因类型而异。一些最长的轴突可长达1m多。

(3)树突

树突是神经元解剖结构的一部分，是从神经元的细胞本体发出的多分支突起。树突为神经元的输入通道，其功能是将自其他神经元所接收的动作电位(电信号)传送至细胞本体。其他神经元的动作电位借由位于树突分支上的多个突触传送至树突上。树突在整合这些突触所接收到的信号以及决定此神经元将产生的动作电位强度上扮演了重要的角色。

(4)突触

突触是轴突的终端，是生物神经元之间的连接接口，每一个生物神经元有$10^3 \sim 10^4$个突触。一个生物神经元通过其轴突的神经末梢，经突触与另一生物神经元的树突连接，以实现信息的传递。

2.生物神经元的功能特点

从生物控制论的观点来看，作为控制和信息处理基本单元，生物神经元具有以下七个重要功能特点。

(1)时空整合性

神经元对于不同时间通过同一突触传入的信息,具有时间整合功能;对于同一时间通过不同突触传入的信息,具有空间整合功能。

(2)动态极化性

在每一神经元中,信息都以预知的确定方向流动,即从神经元的接收信息部分(细胞体、树突)传到轴突的起始部分,再传到轴突终端的突触,最后再传给另一神经元①。

(3)兴奋与抑制状态

神经元具有两种常规工作状态,即兴奋状态与抑制状态。所谓兴奋状态是指神经元对输入信息经整合后使细胞膜电位升高,且超过了动作电位的阈值,此时产生神经冲动并由轴突输出。抑制状态是指对输入信息整合后,细胞膜电位值下降到低于动作电位的阈值,从而导致无神经冲动输出。

(4)结构的可塑性

由于突触传递信息的特性是可变的,也就是它随着神经冲动传递方式的变化,形成了神经元之间连接的柔性,这种特性又称为神经元结构的可塑性。

(5)脉冲与电位信号的转换

突触界面具有脉冲与电位信号的转换功能。沿轴突传递的电脉冲是等幅的、离散的脉冲信号,而细胞膜电位变化为连续的电位信号。

(6)突触延期和不应期

突触对信息的传递具有时延和不应期,在相邻的两次输入

①敖志刚.人工智能及专家系统[M].北京:机械工业出版社,2010.

之间需要一定的时间间隔,在此期间,无激励,称为不应期。

(7)学习、遗忘和疲劳

由于神经元结构的可塑性,突触的传递作用有增强、减弱和饱和的情况。

3.人工神经元模型

由于人类目前对于生物神经网络的了解甚少,因此,人工神经网络远没有生物神经网络复杂,只是生物神经网络高度简化后的近似。它有连接权、求和单元、激发函数和阈值四个基本要素。

(1)连接权

连接权对应于生物神经元的突触,各个人工神经元之间的连接强度由连接权的权值表示。权值为正表示该神经元被激发,为负表示该神经元被抑制。

(2)求和单元

求和单元用于求取各输入信号的加权和(线性组合)。

(3)激发函数

激发函数起非线性映射作用,并将人工神经元输出幅度限制在一定范围内,一般限制在(0,1)或(-1,1)之间。人工神经元的激发函数有多种形式一,最常见的有阶跃型、线性型、S型和径向基函数型四种形式。

大量与生物神经元类似的人工神经元互连组成了人工神经网络。它的信息处理由神经元之间的相互作用来实现,并以大规模并行分布方式进行。

**(二)神经网络的发展历史**

人工神经网络的研究始于20世纪40年代,半个多世纪以来，经历了一条由兴起到衰退，又由衰退到兴盛的曲折发展过程。这一发展过程大致可以分为以下四个阶段。

1.初始发展阶段

1943年，美国心理学家沃伦·S.·麦卡洛克（Warren S.McCulloch）与数学家沃特·S.·皮茨（Water H.Pitts）合作，用逻辑数学工具研究客观事件在形式神经网络中的描述，开创了对神经网络的理论研究。他们在分析、总结神经元基本特性的基础上，首先提出了神经元的数学模型，简称MP模型。后来，MP模型经过数学家的精心整理和抽象，最终发展成一种有限自动机理论，再一次展现了MP模型的价值。此模型沿用至今，直接影响着这一领域研究的进展。通常认为他们的工作是神经网络领域研究工作的起始。

1949年，心理学家D.·O.·赫布（D.O.Hebb）写了《行为的组织》一书，他在这本书中提出了神经元之间连接强度变化的规则，即后来著名的赫布学习律。就是如果两个神经元都处于兴奋状态，那么它们之间的突触连接强度将会得到增强。直到现在，赫布学习律仍然是神经网络中的一个极为重要的学习规则。

1957年，福兰克·罗森布拉特（Frank Rosenblatt）首次提出并设计制作了著名的感知机。第一次从理论研究转人工程实现阶段，掀起了人工神经网络研究的高潮。感知机实际上是一个连续可调的MP神经网络。他在IBM704计算机上进行了模拟，从模拟结果看，感知机有能力通过调整权值的学习达到正确分类的结果。它是一种学习和自组织的心理学模型，其中的学习律是突触的强化律。当时，世界上不少实验室仿效感知机,设计出各式各样的电子装置。

1962年,伯纳德·威德诺(Bernard Widrow)和马西亚·赫夫(Marcian Hoff)提出了自适应线性元件网络,简称Adalineo Adaline是一种连续取值的线性加权求和阈值网络。他们不仅在计算机上对该网络进行了模拟,而且还做成了硬件。同时,为改进网络权值的学习速度和精度,他们还提出了Widrow-Hoff学习算法。后来,这个算法被称为LMS算法,即数学上的最速下降法。这种算法在以后的BP网络及其他信号处理系统中得到了广泛的应用。

2.低潮时期

盲目乐观的情绪并没有持续太久。1969年,美国麻省理工学院著名的人工智能专家M.·明斯克(M.Minsky)和S.·佩珀特(S.Papert)共同出版了Perception的专著。他们指出,单层的感知机只能用于线性问题的求解,而对于像异或(XOR)这样简单的非线性问题却无法求解。他们还指出,能够求解非线性问题的网络,应该是具有隐层的多层神经网络,而将感知机模型扩展到多层网络是否有意义,还不能从理论上得到有力的证明。明斯克的悲观结论对当时神经网络的研究是一个沉重的打击。

值得庆幸的是,进入20世纪70年代后,虽然对神经网络理论的研究仍处于低潮时期,但仍有不少科学家在极其困难的条件下坚持不懈地努力工作。他们提出了各种不同的网络模型,开展了人工神经网络的理论研究和学习算法的研究。

3.复兴时期

在20世纪60年代,由于缺乏新思想和用于实验的高性能计算机,曾一度动摇了人们对神经网络的研究兴趣。到了20

世纪80年代,随着个人计算机和工作站计算机能力的显著提高和广泛应用以及新概念的不断引入,克服了摆在神经网络研究面前的障碍,人们对神经网络的研究热情空前高涨,其中有两个新概念对神经网络的复兴具有极大的意义。其一是用统计机理解释某些类型的递归网络的操作,这类网络可作为联想存储器。美国加州理工学院生物物理学家约翰·霍普菲尔德(John Hopfield)博士在1982年的研究论文中就论述了这些思想。在他提出的霍普菲尔德网络模型中首次引入网络能量的概念,并给出了网络稳定性判据。霍普菲尔德网络不仅在理论分析与综合上均达到了相当的深度,最有意义的是该网络很容易用集成电路实现。霍普菲尔德网络引起了许多科学家的关注,也引起了半导体工业界的重视。1984年,AT&T Bell实验室宣布利用霍普菲尔德理论研制成功了第一个硬件神经网络芯片。其二是在1986年,鲁姆哈特(Rumelhart)和麦克米兰(McClelland)及其研究小组提出的PDP并行分布处理网络思想,为神经网络研究新高潮的到来起到了推波助澜的作用,其中最具影响力的误差反传算法就是他们二人提出的。

4.20世纪80年代后期的热潮

20世纪80年代中期以来,神经网络的应用研究取得很大的成绩,涉及面非常广泛。为了适应人工神经网络的发展,1987年成立了国际神经网络学会,并于同年6月在美国圣地亚哥召开了第一届国际神经网络会议。此后,神经网络技术的研究始终呈现出蓬勃活跃的局面,理论研究不断深入,应用范围不断扩大。

从众多神经网络的研究和应用成果不难看出,神经网络的发展具有强大的生命力。尽管当前神经网络的智能水平不高，许多理论和应用性问题还未得到很好的解决，但是随着人们对大脑信息处理机制认识的日益深化以及不同智能学科领域之间的交叉与渗透，人工神经网络必将对智能科学的发展发挥更大的作用。

**（三）神经网络的分类**

神经网络是以数学手段来模拟人脑神经网络的结构和特征的系统。利用人工神经元可以构成各种不同拓扑结构的神经网络，从而实现对生物神经网络的模拟和近似。

目前，神经网络模型的种类相当丰富，已有上百种神经网络模型。典型的有感知机、多层前向传播网络（BP网络）、径向基函数网络、霍普菲尔德网络等神经网络。

根据神经网络的连接方式，神经网络可分为3种形式。

1.前向型神经网络

在前向型神经网络中，神经元分层排列，组成输入层、隐含层和输出层。每一层的神经元只接受前一层神经元的输入。输入模式经过各层的顺次变换后，由输出层输出。各神经元之间不存在反馈。感知机和误差反向传播BP网络属于前向型神经网络。

2.自组织型神经网络。科荷伦（Kohonen）网络是最典型的自组织型神经网络。科荷伦认为，当神经网络接受外界输入时，网络将分成不同的区域，不同区域具有不同的响应特征，即不同的神经元以最佳方式响应不同性质的信号激励，从而形成一种拓扑意义上的特征图。

科荷伦网络通过无监督的学习方式进行权值的学习，稳定后的网络输出就对输入模式生成自然的特征映射，从而达到自动聚类的目的。

## (四)神经网络的特点及应用领域

1.神经网络的特点

(1)固有的并行结构和并行处理

人工神经网络与人类的大脑类似,不但结构上是并行的,处理顺序也是并行的。在同一层内的处理单元都是同时进行的,即神经网络的计算功能分布在多个处理单元上。而传统的计算机通常只有一个处理单元,其处理顺序是串行的。

(2)知识的分布存储

当一个神经网络输入一个激励时,它要在已存储的知识中寻找与该输入匹配最好的存储知识为其解。这犹如人们辨认潦草的笔迹,这些笔迹可以是变形的、失真的或缺损的,但人们善于根据上下文联想正确识别出笔迹,人工神经网络也具有这种能力。联想记忆的两个主要特点是存储语音的样本及可视图像等大量复杂数据的能力和可以快速将新输入图像进行归并分类为已存储图像的某一类。

(3)容错性

人类大脑具有很强的容错能力,是因为大脑中的知识是存储在很多处理单元及与它们的连接上的。每天大脑的一些细胞都可能会自动死亡。

人工神经网络可以从不完善的数据和图形中进行学习和做出决定。由于知识存储在整个系统中,而不是在一个存储单元内,所以一定比例的节点不参与运算,对整个系统的性能不会产生重大影响。神经网络中承受硬件损坏的能力比一般计算机要强得多。

(4)自适应性与自学习性

人类有很强的适应外部的学习能力。小孩在周围环境的熏陶下可以学会很多事情。如通过学习可以认字、说话、走路、思考、判断等。人工神经网络也具有学习能力:一方面,通过有指导(或导师)的训练,将输入样本加到网络输入并给出相应的输出,通过多次训练和迭代获得连接权值;另一方面,通过无指导的训练,网络通过训练自行调节连接权值,从而对输入样本分类。

2.神经网络的性格优势

(1)模式分类

模式分类问题在神经网络中的表现形式:将一个$n$维的特征向量映射为一个标量或向量表示的分类标签。分类问题的关键在于寻找恰当的分类面,将不同类别的样本区分开来。

(2)聚类

聚类与分类不同,分类需要提供已知其正确类别的样本,进行有监督学习。聚类则不需要提供已知样本,而是完全根据给定样本进行工作。

(3)回归与拟合

相似的样本输入在神经网络的映射下,往往能得到相近的输出。因此,神经网络对于函数拟合问题具有不错的解决能力。

(4)优化计算

优化计算是指在已知约束条件下,寻找一组参数组合,使由该组合确定的目标函数达到最优值。BP网络和其他网络的训练过程就是调整权值并使输出误差最小化的过程。

(5)数据压缩

神经网络将特定的知识存储于网络的权值中,相当于将原有的样本用更小的数据量进行表示,这实际上就是一个压缩过程。

## 二、典型神经网络模型

### (一)感知机神经网络

感知机又称感知器(Perceptron),是美国神经学家福兰克·罗森布拉特(Frank Rosenblatt)在1957年提出的。1957年,他成功地在Cornell航空实验室的IBM704机上完成了感知机的仿真,并于1958年发表The Perceptron:A Probabilistic Model for Information Storage and Organization in the Brain。两年后,他又成功实现了能够识别一些英文字母、基于感知机的神经计算机——Markl,并于1960年6月23日展示公众。

虽然感知机最初被认为有着良好的发展潜能,但最终却被证明不能处理诸多的模式识别问题。1969年,M.·明斯基(M. Minsky)和S.·佩珀特(S.Papert)在*Perceptrons*书中,仔细分析了以感知机为代表的单层神经网络系统的功能及局限,证明感知机不能解决简单的异或(XOR)等线性不可分问题,但罗森布拉特和明斯基及佩珀特等人在当时已经了解到多层神经网络能够解决线性不可分的问题。

感知机至今仍是一种十分重要的神经网络模型,可以快速、可靠地解决线性可分的问题。理解感知机的结构和原理,也是学习其他复杂神经网络的基础。

1.网络结构

对于含有隐含层的多层感知机,当时没有可行的训练方法，初期研究的感知机为一层感知机或称为简单感知机，通常就把它称为感知机。虽然简单感知机有其局限性，但人们对它进行了深入的研究，有关它的理论仍是研究其他网络模型的基础。如果在输入层和输出层单元之间加入一层或多层处理单元，即可构成多层感知机。隐含层的作用相当于特征检测器，提取输入模式中包含的有效特征信息，使输出单元所处理的模式是线性可分的。但多层感知机模型只允许一层连接权值可调，原因是无法设计出一个有效的多层感知机学习算法。

值得注意的是，在神经网络中，由于输入层仅起输入信号的等值传输作用，而不对信号进行运算，故在定义神经网络层数时，一般不把输入层计算在内。如果有两个隐含层，则第一个隐含层称为神经网络的第一层，第二个隐含层称为神经网络的第二层，而输出层称为神经网络的第三层。如果有多个隐含层，则依此类推。

2.学习算法

感知机的学习是典型的有监督学习，可以通过样本训练达到学习的目的。训练的条件有两个：训练集和训练规则。感知机的训练集就是由若干个输入/输出模式对构成的一个集合。所谓输入/输出模式对是指由一个输入模式及其期望输出模式所组成的向量对，包括二进制值输入模式及其期望输出模式，每个输出对应一个分类。

设有 $n$ 个训练样本，在感知机训练期间，不断用训练集中的模式对训练网络。当给定某一个样本 $p$ 的输入/输出模式对时，感知机输出单元会产生一个实际输出向量，再用期望输出与实际输出之差来修正网络连接权值。权值的修正采用简单的误差学习规则（即 $\delta$ 规则），它是一个有监督的学习过程，其基本思想是利用某个神经元的期望输出与实际输出之间的误差来调整该神经元与上一层中相应神经元的连接权值,最终减小这种偏差0也就是说,神经单元之间连接权值的变化正比于输出单元期望输出与实际输出的误差。

3.局限性

感知机的局限性是显而易见的。学者明斯基和佩珀特证明:建立在局部学习例子基础之上的罗森布拉特感知机没有进行全局泛化的能力。这一悲观结论在一定程度上引起了对感知机乃至神经网络计算能力的怀疑。

感知机的缺陷:①感知机的激发函数使用阈值函数,使得输出只能取两个值(1,-1或0,1),限制了在分类种类上的扩展。②感知机网络只对线性可分的问题收敛,这是最致命的一个缺陷。根据感知机收敛定理,只要输入向量是线性可分的,感知机总能在有限的时间内收敛。③如果输入样本存在奇异样本,则网络的训练需要花费很长的时间。奇异样本就是数值上远远偏离其他样本的数据。这种情况下,感知机虽然也能收敛,但需要更长的训练时间。

**(二)BP神经网络**

1986年,Rumelhart和McClelland等人完整而简明地提出了著名的误差反向传播算法(Error Back Propagation,BP算法),解决了多层神经网络的学习问题,极大地促进了神经网络的发展,这种神经网络就被称为BP神经网络。

BP神经网络属于多层前向型神经网络。BP网络是前向型神经网络的核心部分,也是整个人工神经网络体系中的精华,广泛应用于分类识别、逼近、回归、压缩等领域。

1.结构

BP神经网络由输入层、输出层和隐含层组成。其中,隐含层可以为一层或多层。如图3-10所示。

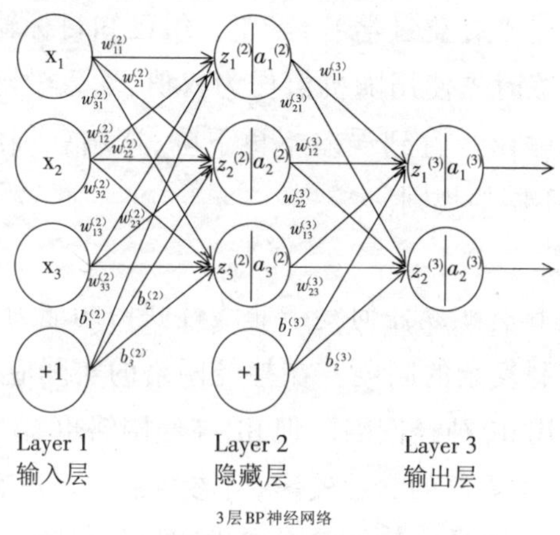


图3-10 BP神经网络

BP神经网络在结构上类似于多层感知机,但两者侧重点不同。BP神经网络具有的特点:①网络由多层构成。层与层之间全连接,同一层之间的神经元无连接。多层的网络设计使BP网络能够从输入中挖掘一更多的信息,完成更复杂的任务。②BP神经网络的传递函数必须可微分。因此,感知机的传递函数——二值函数在这里不适用。BP网络一般使用S型函数或线性函数作为传递函数。③采用误差反向传播算法进行学习。在BP神经网络中,数据从输入层经隐含层逐层向后传播。训练网络的权值时,则沿着减少误差的方向,从输出层经过中间各层逐层,向前修正网络的连接权值。随着学习的不断进行,最终的误差越来越小。

2.学习算法

确定BP网络的层数和每层的神经元个数以后，还需要确定各层之间的权值系数才能根据输入给出正确的输出值。BP网络的学习属于有监督学习，需要一组已知目标输出的学习样本集。训练时先使用随机值作为权值，输入学习样本得到网络的实际输出。直到误差不再下降，网络就训练完成了。修改权值有不同的规则。

3.局限性

BP网络具有实现任何复杂非线性映射的能力，特别适合求解内部机制复杂的问题。在神经网络的实际应用中，大部分时候都使用BP神经网络。但BP神经网络也有一些难以克服的局限性：①需要的参数较多，且参数的选择没有有效的方法。确定一个BP神经网络需要知道网络的层数、每一层的神经元个数和权值。网络的权值由训练样本和学习率参数经过学习得到。隐含层神经元的个数如果太多，会引起过学习。如果学习率过大，容易导致学习不稳定；学习率过小，又将延长训练时间。②容易陷入局部最优。BP算法理论上可以实现任意非线性映射，但在实际应用中，也可能陷入局部极小值中。③样本依赖性。网络模型的逼近和推广能力与学习样本的典型性密切相关。如何选取典型样本是一个很困难的问题。算法的最终效果与样本都有一定关系，这一点在神经网络中体现得尤为明显。如果样本集合代表性差，矛盾样本多，存在冗余样本，网络就很难达到预期的性能。④初始权重敏感性。训练的第一步是给定一个较小的随机初始权重，由于权重是随机给定的，BP网络往往具有不可重现性。

## 三、神经网络控制

随着被控对象越来越复杂、被控对象及其环境的可知知识越来越少,而对控制精度的要求却越来越高,这些都对控制系统的设计提出了更高的要求,迫切希望控制系统具有自适应学习能力及良好的鲁棒性和实时性,传统控制理论面临巨大的挑战。

由于神经网络本身具备传统的控制手段无法实现的一些优点和特征,使得神经网络控制器的研究迅速发展。从控制角度看,神经网络用于控制的优越性主要表现:①神经网络能处理那些难以用模型或规则描述的对象。②神经网络采用并行分布式信息处理方式,具有很强的容错性。③神经网络在本质上是非线性系统,可以实现任意非线性映射,神经网络在非线性控制系统中具有很大的发展前途。④神经网络的硬件实现愈趋方便,大规模集成电路技术的发展为神经网络的硬件实现提供的技术手段,为神经网络在控制中的应用开辟了广阔的前景。

根据神经网络在控制器中的不同作用,神经网络控制器可分为两类:一类为神经控制,是以神经网络为基础而形成的独立智能控制系统;另一类为混合神经网络控制,是指利用神经网络学习和优化能力来改善传统控制的智能控制方法,如自适应神经网络控制等。

### (一)神经网络监督控制

通过对传统控制器的学习,可用神经网络控制器逐渐取代传统控制器的方法,称为神经网络监督控制。

神经网络控制器实际上是一个前馈控制器,建立的是被控对象的逆模型。神经网络控制器通过对传统控制器的输出型，在线调整网络的权值，使反馈控制输入 $u_p(t)$ 趋近零，从而使神经网络控制器逐渐在控制作用中占据主导地位，最终取消反馈控制器的作用。

**(二)神经网络直接逆控制**

神经网络直接逆控制就是将被控对象的神经网络逆模型直接与被控对象串联起来，以使期望输出与对象实际输出之间传递函数为1。将此网络作为前馈控制器后，被控对象的输出为期望输出。

显然，神经网络直接逆控制的可用性在相当程度上取决于逆模型的准确精度。由于缺乏反馈，简单连接的直接逆控制缺乏鲁棒性。为此，一般应使其具有在线学习能力，即作为逆模型的神经网络连接权能够在线调整。

**(三)神经网络自适应控制**

与传统自适应控制相同，神经网络自适应控制也分为神经网络自校正控制和神经网络模型参考自适应控制两种。自校正控制根据对系统正向或逆模型的结果调节控制器内部参数，使系统满足给定的指标，而在模型参考自适应控制中，闭环控制系统的期望性能由一个稳定的参考模型来描述。

1.神经网络自校正控制

神经网络自校正控制分为直接自校正控制和间接自校正控制。间接自校正控制使用常规控制器，神经网络估计器需要较高的建模精度。直接自校正控制同时使用神经网络控制器和神经网络估计器。

2.神经网络模型参考自适应控制

神经网络模型参考自适应控制分为直接模型参考自适应控制和间接模型参考自适应控制两种。

## 第四节 专家控制技术

### 一、专家系统

#### (一)专家系统发展历史

作为人工智能一个重要分支的专家系统(Expert System, ES)是在20世纪60年代初期产生和发展起来的一门新兴的应用科学,而且正随着计算机技术的不断发展而日臻完善和成熟。

一般认为,专家系统是针对解决某一专门领域问题的计算机软件系统。是由知识工程师通过知识获取的手段,将领域专家解决特定领域的知识,采用某种知识表示方法编辑或自动生成某种特定表示形式,存放在知识库中,用户再通过人机接口输入信息、数据或命令等形式,运用推理机制控制知识库及整个系统,如能同专家一样解决困难的和复杂的实际问题一样。

专家系统有3个特点:一是启发性,能运用专家的知识和经验进行推理和判断;二是透明性,能解决本身的推理过程,能回答用户提出的问题;三是灵活性,能不断地增长知识,修改原有的知识。

从本质上讲，专家系统是一类包含着知识和推理的智能计算机程序，人们习惯于把每一个利用了大量的大而复杂的人工智能系统统称为专家系统。专家系统可以解决的问题一般包括解释、预测、诊断、设计、规划、监视、修理、指导和控制等。

专家系统按其发展过程大致可分为3个阶段：初创期（1971年前），成熟期（1972—1977年），发展期（1978年至今）。

1.初创期

人工智能早期工作不都是学术性的研究，很多程序都是用来开发游戏的。如国际象棋、跳棋等有趣的游戏。这些游戏的真实目的在于计算机编码中加入人的推理能力，以达到更好的理解游戏的目的。在此阶段的另一个重要应用领域是计算逻辑。如1957年诞生了第一个自动定理证明程序，称为逻辑理论家。20世纪60年代初，人工智能研究者便集中精力开发通用的方法和技术，通过研究一般的方法来改变知识的表示和搜索，并且使用它们来建立专用程序①。

1965年，在美国国家航空航天局要求下，斯坦福大学研制成功了DENRAL系统，DENRAL的初创工作引导人工智能研究者意识到智能行为不仅依赖于推理方法，更依赖于其推理所用的知识。在此之后，麻省理工学院开始研制MACSYMA系统，它作为数学家的助手使用启发式方法变换代数表达式，并经过不断扩充，能求解600多种数学问题，其中包括微积分、矩阵运算、解方程和解方程组等。同期，还有美国卡内基—梅隆大学开发的用于语音识别的专家系统HEARSAY，该系统表明计算机在理论上可按编制的程序同用户进行交谈。

①李国勇. 智能控制及其Matlab实现[M]. 北京：电子工业出版社，2005.

2. 成熟期

到20世纪70年代中期，专家系统已逐步成熟起来，其观点也逐渐被人们所接受，并先后出现了一批卓有成效的专家系统。其中，最为代表的是肖特立夫等人的MYCIN系统。该系统用于诊断和治疗血液感染和脑炎感染，可给出处方建议（提供抗菌剂治疗建议），不但具有很高的性能，而且具有解释功能和知识获取功能。MYCIN系统是专家系统的经典之作，它的知识表示系统用带有置信度的“IF-THEN”规则来表示，并使用不确定性推理方法进行推理。它是一个面向目标求解的系统，使用反向推理方法，并利用了很多的启发式信息。MYCIN由LISP语言写成，所有的规则都表达成LISP表达式。

另一个非常成功的专家系统是PROSPCTOR系统，它用于辅助地质学家探测矿藏，是第一个取得明显经济效益的专家系统。PROSPCTOR系统的性能据称完全可以同地质学家相比拟。它在知识的组织上，运用了规则与语义网相结合的混合表示方式一，在数据不确定和不完全的情况下，推理过程运用了一种似然推理技术。

3. 发展期

从20世纪80年代初，医疗专家系统占了主流，主要原因是它属于诊断类型系统且开发比较容易。但是到了20世纪80年代中期，专家系统的发展在应用上最明显的特点是出现了大量的投入商业化运行的系统，并为各行业产生了显著的经济效益。

从20世纪80年代后期开始，一方面随着面向对象、神经网络和模糊技术等新技术迅速崛起，为专家系统注入了新的活力;另一方面计算机的运用也越来越普及,而且对智能化的要求也越来越高。由于这些技术发展的成熟,并成功运用到专家系统之中,使专家系统得到更广泛的运用。

4. 专家系统的发展趋势

近年来,专家系统的发展不仅要采用各种定性的模型,而且要将各种模型综合运用,如通用型专家系统、分布式专家系统和协同式专家系统等。

(1)通用型专家系统

专家系统的开发是需要领域专家和知识工程师共同的努力,而领域专家绝大多数只对自己领域范围的知识了解,这就导致现阶段开发的专家系统只适用于某一特定问题领域。用户越来越希望有一种以用户为中心的通用性专家系统。

通用型专家系统作为一种新型专家系统,其特点:①集成多种模型的专家系统,根据用户的需要,可以选择其中的任何一种或多种,形成某一类型的专家系统;②通过多种模型的综合运用,能提高专家系统的准确率和效率;③经过长期的使用,可以探索出针对某一问题的最佳模式,获得最优的专用专家系统。

(2)分布式专家系统

分布式专家系统具有分布处理信息的特征,其主要目的在于把一个专家系统的功能经分解后分布到多个处理器上去并行工作,从而在整体上提高系统的处理效率。这种专家系统比常规的专家系统具有较强的可扩张性和灵活性。分布式专家系统可以将各个子系统联系起来,即使不同的开发者只要针对同一研究对象也可以有效地进行交流和共享。

分布式专家系统作为一种新型专家系统，其特点如下：①根据系统数据的来源，分门别类地对不同来源的数据进行管理，同时保证系统的数据完整、准确、实用性强；②系统开发工具多样，开发环境与应用环境分离，使开发完善过程与应用过程可以独立地异步进行；③可以同时完成多用户、多个并发请求的推理。

(3)协同式专家系统

协同式专家系统的概念目前尚无一个明确的定义。在系统中，多个专家系统协同合作，各专家系统间可以互相通信，或者一个或多个专家系统的输出可能成为另一个专家系统的输入，有些专家系统的输出还可以作为反馈信息输入到自身或其先辈系统中去，经过迭代求得某种“稳定”状态。

协同式专家系统作为一种新型专家系统，其特点如下：①将总任务合理分解为几个分任务，分别由几个分专家系统来完成。②把解决各个分任务所需要知识的公共部分提炼出来形成一个公共知识库，供各子专家系统共享。而分专家系统中专用的知识，则存放在各自的专用知识库中。③为了统一协调解决问题，有一个供各个分专家系统讨论交流的平台。

目前将分布式专家系统与协同式专家系统相结合，提出了一种分布协同式专家系统。分布协同式专家系统是指逻辑上或物理上分布在不同处理节点上的若干专家系统协同求解问题的系统。

**(二)专家系统的结构与类型**

1.专家系统的结构

专家系统是一个具有大量专门知识与经验的程序系统，根据某个领域的专家提供的知识和经验进行推理和判断，模拟人类专家的决策过程。

（1）知识库（Knowledge Base）

知识库是专家系统的启发式知识模块。知识库里存放着许多专家常年积累的专业经验和设计技巧。知识库里的知识是用规则、事实及其关系、断言和提问的形式表示。

对知识库的设计，主要在于设计知识库的结构及其知识组织形式。知识库的结构一般取层次结构或网状结构模式。该结构模式是把知识按某种原则进行分类，然后分块分层组织存放。诸如按元知识、专家知识、领域知识等分层组织，而每一块和每一层还可以再分块分层。这样，整全知识库就呈树形或网状结构。这种层次结构可方便知识的调度和搜索，加快推理速度，提高效率；采用分块存放，便于更经济地利用知识库空间。

（2）推理机（Inference Engine）

推理机是能辅助解决和回答需要推理问题的解释程序，主要解决知识的选择和应用问题。它根据输入的目标性能指标及参数选择范围，利用知识库和数据库进行一定的计算和推理、进行优化和方案优选。

推理机的主要任务是根据需要推理的问题，选择哪种知识（规则），应用哪种知识，按什么样的顺序进行分析，从而协调控制整个系统，模拟领域专家的思维过程，控制并执行对问题的求解。它能根据当前已知的事实，利用知识库中的知识，按一定的推理方法和控制策略进行推理，求得问题的答案或证明某个假设的正确性。

(3)数据库(Data Base)

数据库里存放着各种参数、实验数据和统计数据资料。它为知识库和推理机提供数据支持。

(4)对话窗口(人—机接口 Man Machine Interface)

人—机接口提供用户和计算机之间的对话平台。目前的专家系统装有菜单、鼠标器或者自然语言等,并且有解释功能,允许用户质问和查询系统答案和潜在的推理过程。系统也可以向用户提出各种问题,请求用户交互地给予回答,其目的是专家系统在执行过程中对任何需要的而系统中不能自身解决的问题都可求助于向用户提问。

(5)解释接口

专家系统一般具有解释功能,回答用户在推理过程中"为什么"之类的问题及在推理结束后回答"怎么样"之类的问题。

(6)知识获取模块

知识获取是指通过人工方法或机器学习的方法,将某个领域内的事实性知识和领域专家所特有的经验性知识转化为计算机程序的过程。

对知识库的修改和扩充也是在系统的调试和验证中进行的,是一件很困难的工作。知识获取被认为是专家系统中的一个"瓶颈"问题。

2. 专家系统特点

与常规的计算机程序系统比较,专家系统具有的特点:①具有专家水平的知识,能表现出专家的技能和高度的技巧以及足够的鲁棒性。不管数据正确与否,都能够得到正确的结论或者指出错误。②能进行有效的推理,能够运用专家的经验和知识进行搜索推理。③具有透明性。在推理时,不仅能够得到答案,而且还能给出推理的依据。④具有灵活性。知识的更新和扩充灵活方便,专家系统的知识库与推理机制既相互联系又相互独立。⑤具有复杂性。人类的知识可以定性或定量表示,专家系统经常表现为定性推理和定量计算的混合形式,比较复杂。

专家系统便于保存和大面积推广各种专家的宝贵知识,更有效地发挥各种专业人才的作用,克服人类专家供不应求的矛盾。专家系统还可以综合许多专家的知识和经验,从而博采众长。专家系统作为一种计算机系统,便于发挥计算机快速、准确的优势,在某些方面比专家更可靠、更灵活,可以不受时间、地域及人为因素的影响。

## 二、专家控制系统

### (一)专家控制系统原理

专家控制系统具有全面的专家系统结构、完善的知识处理功能和实时控制的可靠性能。这种系统采用黑板等结构,知识库庞大,推理机复杂。它包括知识获取子系统和学习子系统,人—机接口要求较高。另一种是专家式控制器,多为工业专家控制器,是专家控制系统的简化形式。它针对具体的控制对象或过程,着重于启发式控制知识的开发,具有实时算法和逻辑功能。它具有设计较小的知识库、简单的推理机制,可以省去复杂的人—机接口。

1.专家控制与一般专家系统区别

区别主要有以下两点:①通常的专家系统只完成专门领域问题的咨询功能,它的推理结果一般用于辅助用户的决策。②通常的专家系统一般处于离线工作方式,而专家控制则要求在线地获取动态反馈信息,因而是一种动态系统,它具有使用的灵活性和实时性,即能联机完成控制。

2.专家控制系统的基本结构

基本结构包括:①知识库。该库由事实集和经验数据、经验公式、规则等构成。事实集包括对象的有关知识,如结构、类型及特征等。控制规则有自适应、自学习、参数自调整等方面的规则。②控制算法库。该库存放控制策略及控制方法,是直接控制方法集。③实时推理机。根据一定的推理策略从知识库中选择有关知识,对控制专家提供的控制算法、事实、证据以及实时采集的系统特性数据进行推理,由决策的结果指导控制作用。④信息获取与处理。信息获取是通过闭环控制系统的反馈信息及系统的输入信息,获取控制系统的误差及误差变化量、特征等信息。

3.专家控制器的控制任务

专家控制器的控制任务包括:①如何解决好知识的获取问题以及如何进行实时性的搜索及实时控制问题。②用什么知识表示方法描述一个系统的特征知识。③怎样从传感器数据中获取相关识别定的知识。④如何把定性推理的结果量化成执行器定量的控制信号。⑤如何进行专家控制系统的稳定性、可控性分析。⑥怎样获取控制知识和学习规则。

**(二)专家控制系统的类型**

根据系统结构的复杂程度,人们通常把专家控制分为两种类型,一种是专家控制系统,另一种是工业专家控制器。

1.黑板专家控制系统

黑板系统提供了一种用于组织知识应用和知识源之间合

作的工具。它是一种强功能的专家系统结构和问题求解模型。它的最大优点在于能够提供控制的灵活性和具有综合各种不同知识表示和推理技术的能力。

（1）黑板

黑板是共享数据区，用来执行各种知识源之间的交互任务。它的全局数据结构被用于组织问题求解数据，并处理各知识源之间的通信问题。存储于黑板上的对象可以是输入数据、局部结果、最后结果、假设和选择方案等。各种对象可被递阶地组织到不同的黑板层级中。

黑板上的每一条记录均有一个相关的置信因子，这是系统处理知识不确定性的一种方案。黑板的机理可以保证在每个知识源与已求得的局部解之间存在一个统一的接口。

（2）知识源

知识源用来存储各种相关知识，是领域知识的自选模块。每个知识源可被看作是用于处理某一特定类型的较狭窄领域信息或知识的独立程序，而且可以决定是否应该提供自身信息到问题求解过程中。黑板系统中的每个知识源都是独立分开的，不同知识源具有各自不同的工作过程或规则集合和自有的数据结构，它们通过黑板进行通信。知识源能够遵循各种不同的知识表示方法和推理机制。因此，可以把知识源的动作部分看作一个含有正向/逆向搜索的产生式规则系统。当黑板上逐渐变化的事件信息满足其他知识源触发条件时，就触发一个或多个知识源。

（3）控制器

控制器由黑板监督程序和调度程序组成，是一个含有控制数据项的数据库，这些控制数据项被控制器用来从一组潜在可执行的知识源中挑选出一个供执行的知识源。黑板系统的主要求解机制是从某个知识源向黑板增添新的信息开始的。当一个知识源所感兴趣的黑板变化类型出现时,它的条件部分即被放入调度队列中。当一个知识源的条件部分成立时,它的动作部分即被放入调度队列中。被触发了的知识源被选中后执行向黑板增添信息的任务,这个过程不断地循环下去。

2.工业专家控制器

(1)直接专家控制器

当基于知识的控制器直接影响被控对象时,这种控制称为直接专家控制。在直接专家控制中,专家系统代替原来的传统控制器,直接给出控制信号。

直接专家控制系统根据测量到的过程信息及知识库中的规则,导出每一采样时刻的控制信号。知识库建立一般根据工业控制的特点及实时控制要求,采用产生式规则描述过程的因果关系,并通过带有调整因子的模糊控制规则建立控制规则集。控制知识的获取控制知识(规则、事实)是从控制专家或专门操作人员的操作过程基础上概括、总结归纳而成的。控制知识总结为“IF THEN”形式的启发式规则。推理方法的选用在实时控制中,必须要在有限的采样周期内将控制信号确定出来。直接专家控制可以采用一种逐步改善控制信号精度的推理方式。

(2)间接专家控制器

专家系统间接地对控制信号起作用,或者说当基于知识的控制器仅仅间接影响控制系统时,把这种专家控制称为间接专家控制系统或监控专家控制。

# 第四章 关联规则与智能控制

## 第一节 基于模糊概念格的关联规则挖掘

### 一、模糊关联规则的相关概念和问题描述

关联规则挖掘是数据挖掘中最活跃的研究方法之一，最早是由阿格拉沃尔（Agrawal）等人于1993年提出的。关联规则挖掘的目的是从数据中发现项集之间有趣的关联和相关关系，其应用背景从开始的购物篮分析以发现商品销售中的顾客购买模式扩展到网站设计与优化、网络入侵检测、软件bug挖掘、设备故障诊断、药物成分关联分析、交通事故模式分析、蛋白质结构分析等，其理论研究内容也从最初的频繁模式挖掘扩展到闭合模式挖掘、扩展型关联规则、增量挖掘、隐私保护、主观兴趣度度量、挖掘后处理、相关模式、数据流等多种类型数据上的关联规则挖掘等。因此，有必要对关联规则相关技术进行比较深入的研究和探讨。

当前关联规则的研究主要是针对规则的前件和后件，均由确定的、精确的概念表示的确定性关联规则。但是由于客观世界的复杂性和多样性，许多事物难于用精确和确定的概念表示，也难于用具体的数值表达。在这些情况下，确定性关联规则不能有效地表达数据之间的关联关系。

### (一)关联规则概述

在数据挖掘技术繁荣发展的大背景下,关联规则技术得到了蓬勃发展,成为数据挖掘研究的一个重要分支,并向着更为广泛而深入的方向继续发展。

关联规则是一种简单、实用的分析规则,是数据挖掘中最成熟的主要技术之一,由R·阿格拉沃尔(R.Agrawal)等人首先提出的。关联规则挖掘的目的是从大量的数据中挖掘出有价值的描述数据项集之间相互联系的关联关系,将隐藏在海量数据中的潜在知识表达成人类可以理解的形式,从而更好地指导实践。

关联规则挖掘的一个典型实际应用是购物篮分析,目的是根据消费者的消费记录数据发现交易数据库中不同商品之间的联系规则,从而帮助商家分析消费者的购买行为模式,有针对性地采取相应的营销手段。

关联规则的挖掘算法中最经典的是Apriori算法,该算法简单明了,没有复杂的理论推导,也易于实现,因此仍然是目前使用最为广泛的关联规则提取算法,许多关联规则挖掘算法都由它演变而来的。该算法时间性能仍存在不足,所产生候选项集数量较大,因此筛选出用户真正感兴趣的,有意义的关联规则尤为重要。

### (二)关联规则的研究现状

关联规则作为数据库中数据项(属性、变量)的规则性潜在关系,是数据挖掘的一个重要分支,已成为数据挖掘的关键技术,受到了许多研究者的关注。

在众多的挖掘算法中,最为经典的关联规则挖掘算法是阿格拉沃尔（Agrawal）等人提出的Apriori算法。该算法利用顺序搜索的循环方法来完成频繁项集的挖掘工作，是挖掘布尔关联规则频繁项集的有效算法。

关联规则挖掘技术已取得了较多令人满意的研究成果，但以下两方面的问题有待于更进一步的探索和研究[①]。

1.提高算法性能

在处理海量数据时，提高算法的执行效率；减少冗余规则的生成；研究适用于动态数据库的挖掘算法。

2.关联规则评价

由于数据规模本身过于庞大，其涵盖的信息量也比较多，通过挖掘算法得到的候选频繁项集数量也相对可观，使用户难以从直观上做出判断和选择。

目前已经有一些研究人员开展了知识评价方面的工作，并取得了一些研究进展，主要分为以下两个方面：①系统客观层面。当前，在系统客观层面，应用较广泛的评价标准一般有两个：支持度和置信度，分别反映了规则的可用性和确定性。用户首先需要根据领域专家的知识确定两个评价标准的阈值，然后与挖掘出的关联规则的支持度和置信度进行比较，满足条件的即为有效规则；否则，即为冗余规则。②用户主观层面。系统方面的考虑只是评价的一部分，规则的有效性和可行性最终取决于用户。根据用户需要，可以指定挖掘数据的对象、范围和层次；用户还可以根据需要调整支持度阈值，从而使挖掘的规则满足用户主观需求。

---

①刘保相．关联规则与智能控制[M]．北京：清华大学出版社，2015.

3. 拓展关联规则挖掘的应用范围

关联规则分析可以从单维拓展到多维，从布尔型确定性关联规则拓展模糊关联规则；从最初的购物篮分析拓展至市场营销，从而逐步应用到实际生活的各个领域。

**（三）概念格的研究现状**

形式概念分析是以数学化的概念和概念层次为基础的应用数学领域，它激发了人们对概念数据分析和知识处理的数学思考。概念格作为一种核心的形式概念分析工具，已成功地应用于数据分析、信息检索、数据挖掘等领域。

一般概念格是基于二元关系的一种概念层次结构，体现了内涵与外延的统一，反映了对象和属性间的联系，表现了概念间的泛化与例化关系。为更好地把概念格应用到具体的领域，对概念格模型进行必要的扩展，得到：①扩展概念格，它与一般概念格同构，在保证没有概念丢失的前提下，使格结构包含更加丰富的信息，可以快速有效的提取规则。②量化扩展概念格，它在扩展概念格中引人外延量化的思想，对于概念格结构进行了改进，比较适用于在大规模数据库中进行知识发现的问题求解；反之，对不很感兴趣的项目设置较小的加权值，从而挖掘用户感兴趣度的关联规则。③约简概念格，是扩展概念格的一种简洁表示形式，保留了概念内涵中的关键部分，它不会出现信息丢失的情况，不会影响规则提取和知识发现。粗糙概念格利用粗糙集中上、下近似理论，描述概念格外延中能够表示某种属性“可能”覆盖的对象，即使外延具有了不确定的性质。换言之，粗糙概念格结构具备了描述不确定性知识的能力。

在现实生活中，人类认识的大量概念都是模糊的，因此研究模糊概念格对于实际决策有着重要的意义。模糊概念格描述了概念内涵与外延之间模糊关系，使研究更贴近实际，更符合人类的模糊概念思维。

**（四）模糊关联规则提出**

在现实生活中，人们对许多事物的理解基于模糊的概念，事务的一些属性需要用模糊的语言进行抽象和概括，例如，根据人的年龄，抽象出青年、中年和老年的模糊概念，因此，用模糊集合从具有模糊的、不确定的属性的事务中提取出人们感兴趣的关联和联系，并用自然语言来表达。

模糊关联规则将数据挖掘技术和模糊概念相结合，其规则的提取过程就是将经典的Apriori算法扩展到包含模糊属性的事务当中，将事务的每个模糊属性指定划分范围，然后将每个属性通过隶属函数映射到模糊集合中，通过算法找出满足不小于最小支持度的频繁项目集，对这些频繁项目集进行分析筛选，最终得到人们感兴趣的模糊关联规则形式。

在传统关联规则挖掘中，事务或者属于某个项集，或者不属于某个项集，二者必具其一，体现的是经典集合论的方法。然而对具有连续属性的事务数据库也用传统的挖掘方法，作数据预处理，将这些连续属性根据数值区间划分为经典集合就不能真实正确地反映现实情况。

模糊关联规则的挖掘首先要将数据库的数据记录模糊化，通过领域专家对模糊集合的属性划分得到多个相关项并给出隶属函数形式，计算每条记录上各个相关项的隶属度值；在对数据库中的属性值进行模糊概念上的转换后，属性之间的关联也成了模糊意义上的关联，对模糊化后的数据库进行挖掘，所形成的关联规则即为模糊关联规则。

**二、模糊关联规则格的提取**

关联规则挖掘是数据挖掘的一个重要分支，它可以发现数据库中数据项集之间存在的潜在关系。随着收集存储在数据库中的数据规模越来越大，人们对从这些数据中挖掘相关的关联知识越来越有兴趣，通过这些关联关系可以为商业决策提供有价值的信息从而实现商务决策的制定，如分类设计、交叉购物等。

形式概念分析以概念格形式把数据有机地组织起来，数据之间的关系由概念格结点的泛化一例化关系体现，反映了概念的内涵和外延的统一，因而非常适合作为规则发现的基础性数据结构用于发现规则型知识，是数据库中进行规则提取和知识发现的一种非常有用的工具。利用概念格进行规则提取，通常的做法是先从数据源中提取形式背景，从而得到形式概念后构建概念格，再从概念格结构中提取关联规则，经历了建格与规则提取两个步骤。将事务数据库看作一个形式背景后，得到了概念格结点与项集间的对应以及结点二元组与关联规则的对应，可以构建关联规则格，其格结点的父子关系就是相应项集关联规则的体现，此时当数据库发生变化时，只需维护关联规则格就可得到关联规则，提高了规则提取的效率。

当前关联规则的研究主要是针对确定性关联规则进行的，即规则的前件和后件均是用确定的、精确的概念来表示。但是，由于客观世界的多样性和复杂性，许多事物难于用精确和确定的概念表示，例如人的高、矮等，也难于用具体的数值表达。确定性关联规则在这些情况下，不能有效地表达数据之间的关联关系。

**（一）建格方法**

以Bordat算法为基础，采用自顶向下的构造方法，首先构造最上层结点，然后逐层构造。以决策属性值为切人点，构造根接点的子结点，然后对按决策值分类的子结点分别构造其自身的子结点及其各层结点。

**（二）关联规则格的提取**

在实际应用中根据不同的标准，关联规则可分类如下。

1. 根据规则所处理的项的数据类型，可分为布尔型和数值型

布尔关联规则仅描述数据项是否出现在事务记录中，处理的是种类化的、离散型的数据，表明了离散型项目之间的联系。

2. 根据规则涉及的数据维数，可分为单维多维关联规则

单维关联规则中的属性或项只涉及数据的一个维；多维关联规则涉及两个或更多谓词或维，它表示了属性间的关系。

3. 根据规则中描述数据的抽象层次可分为单层关联规则和多层关联规则

对于一个给定事务数据库，涉及的规则数目往往是指数级的，其中大部分是冗余规则，没有实际意义或不符合用户需求，因此需要引人评价标准，将关联规则挖掘按如下步骤进行：①明确数据挖掘目的，根据挖掘目标进行数据预处理，包括数据清理、数据集成和变换等。②选取适当的关联规则挖掘算法和模型，求解频繁项目集，该步骤是形成关联规则的基

础。③通过用户给定的最小置信度,与所获得的频繁项集产生的关联规则的置信度比较,满足置信度不小于最小置信度的关联规则为强关联规则。④对挖掘规则进行语义描述。这个阶段强调的是用户参与,将所得规则的蕴含式用可以被用户理解的自然语言描述,增强规则的实用性。

**(三)模糊关联规则格的提取**

模糊概念格进行知识发现和规则提取是一种非常有用的工具。正常的做法是先从数据源中提取模糊形式背景,从模糊形式背景得到模糊形式概念后构建模糊概念格,再从格结构中提取规则,经历了建格与规则提取两步。

而在现实中,对事务数据库中的数据进行增、删、改等操作相对频繁,每次操作后因数据库的更新,与之相应的格结构也要随之改变。那么每更新一次数据库,无论操作的数据量有多少,都要将所有的结点做重新操作,以生成一个模糊概念格,并在此基础上提取规则,而将整个格全部重新构造一次,就意味着大量的重复工作,因为实际上更新的结点往往仅是一小部分,这就降低了时间的有效性。将事务数据库看作一个形式背景后,得到了结点与项集间的对应以及结点二元组与关联规则的对应,可以构建模糊关联规则格,其格结点的父子关系就是相应项集关联规则的体现。

在提取模糊关联规则时,需要对事务数据库做预处理,对具有连续属性的事务引人模糊集合,将连续属性划分为模糊集合,使数据更能体现其本质特征。

## 三、模糊关联规则挖掘算法

在关联规则挖掘的算法中,较著名的是R·阿格拉沃尔(R.

Agrawal)等人于1993年提出的Apriori算法以及此后基于该算法得到的改进算法。其存在的普遍问题是算法的时间效率不尽如人意,规则的表示形式较抽象,需多次遍历数据库,且通过大量计算以确定频繁项目集。

数据库知识发现的过程就是将数据库中蕴含的知识形式化为有用概念的过程。“概念”的基本观点是从哲学理论中发展而来的,直到20世纪80年代初,(R.Will)教授根据此观点提出了形式概念分析理论。概念格,又叫作形式概念分析,概念格的每个结点是一个形式概念,是概念内涵和外延的二元关系组。因此概念格非常适于发现数据中潜在的信息和知识。当根据数据库创建其相应的概念格结构之后,就可以用它来快速有效地进行关联规则发现。于是,关联规则的挖掘算法就和概念格的构造算法有了紧密的联系。

目前,国内外学者对概念格进行了多方面深入研究。在概念格的构建方面,已经有了一些方法,可分为两类:批处理算法(batch algorithm)和渐进式算法(incremental algorithm)。

Bordat算法是一种一般概念格的自顶向下构造方法,该方法首先构造概念格中最上面的概念,然后形成此概念的所有直接的子结点,再将所有的具有父子关系的结点连线,依次对每个结点重复上面的过程,直至底部结点找出。

**(一)关联规则挖掘算法及性质**

关联规则挖掘是发现大量数据中项集之间有趣的关联或相关关系。Apriori算法是挖掘频繁项集的有效算法,也是很有影响的关联规则挖掘算法。

传统的Apriori算法简单明了,没有复杂的理论推导,也易于实现,因此仍然是目前使用最为广泛的关联规则提取算法。该算法采用逐层搜索的迭代方法,实现过程主要包含连接与剪枝两个步骤。

算法的关键在于识别或发现所有的频繁项集,这也是计算量最大的部分。找到所有频繁项集后,相应的关联规则将很容易生成。Apriori算法主要用于解决这一步的问题。

为了提高按层次搜索的处理效率,Apriori算法利用了一个重要的性质(任一频繁项集的所有非空子集也必须是频繁的,反之,如果某个候选的非空子集不是频繁的,那么该候选肯定不是频繁的),从而可以将其从CK中删除,主要用于压缩搜索空间,提高确定频繁项集的效率。

**(二)模糊关联规则挖掘算法及性质**

为挖掘有效的模糊关联规则,用户必须先给定最小支持度和最小置信度,其挖掘算法也分为两步进行。

1)发现所有的模糊频繁项目集,即找到所有不小于用户给定的最小支持度的模糊频繁项集。

2)从所有的模糊频繁项目集合中,产生所有可能的关联关系,并提取出不小于最小置信度的模糊关联规则。

本算法的基本流程与Apriori算法比较,主要区别在于:①在传统的关联规则挖掘过程中,对于某一条事务记录,要么具有某个属性,在事务数据库中记为1,要么不具有某个属性,相应记录用0表示;而在模糊关联规则挖掘过程中,需要引入模糊集理论,将模糊属性根据领域专家的知识划分为若干模糊属性集,用隶属度来刻画事务与属性之间的关系。②传统关联规则中,事务对属性的支持度计数是以该事务在事务集中出现次数占总事务数的比例来体现的，而后者的支持度计数是通过数据项对各属性的隶属度计算得来，是介于0～1之间的一个实数。

## 第二节 基于粗糙概念格的关联规则挖掘

### 一、粗糙概念格基本理论

粗糙集理论与概念格理论是20世纪80年代初期产生的两个数学分支，在知识发现与数据挖掘中有着重要应用。概念格以其完备的结构和坚实的理论基础成为数据挖掘过程中的主要模型之一。

目前，国内外学者对概念格进行了多方面深入研究，特别是与其他理论如模糊理论、谓词逻辑、粗集理论等的融合研究，通过对概念格的扩展形成模糊概念格、加权概念格、约束概念格、量化概念格、扩展概念格等。在不确定性知识的分析方面，典型的是模糊概念格，基于模糊形式背景，把对象属性表看成与对象的隶属关系表，隶属度表示模糊集合中的元素属于该项集合的程度加拿大姚·Y·Y(Yao.Y.Y)曾提出采用粗集理论上近似的方法来描述一般概念格的内涵及外延，并划分为:对内涵的近似、对外延的近似及两者都近似三类，但只是在一般概念格的基础上对内涵及外延进行“近似分析”，从而得出具有不确定性性质的内涵、外延集合，没有从根本上改变概念格结构，而且对于决策表表示的知识，在其概念格上体现存在一定的难度。

### (一)概念格基本概念

概念格是根据二元关系提出的一种概念层次结构,是数据分析和规则提取的一种有效工具。从数据集中生成概念格的过程实际上是一种概念聚类的过程。概念格中的每个结点由外延和内涵两部分组成,分别表示属于该概念的所有对象的集合和这些对象所共有的属性集合,本质上是描述了对象和属性之间的联系,表明了概念之间的泛化和例化关系。而与概念格相对应的Hasse图则实现了对数据的可视化,作为数据分析和知识处理的形式化工具,概念格理论已被广泛地应用于软件工程、知识工具、数据挖掘、信息检索等领域。

### (二)粗糙概念格

定义设三元组 $Ks=(O,C*D,R)$ 为决策背景,其中 $O$ 为有限非空对象集,$C$ 为有限非空条件属性集,D为有限非空决策属性集,$C\cap D=\phi$,$R$ 是 $O$ 与 $C*D$ 之间的一个二元关系,则存在唯一的偏序集合与之对应,并由此偏序集合可形成一种一般概念格结构L。

对于决策背景 $Ks=(O,C*D,R)$,算子f,g定义为:

$$\forall x\in O, f(x)=\{y|\forall y\in C*D, xRy\}$$

即$f$是对象与其具有的所有属性的映射。

$$\forall y\in C*D, g(x)=\{x|\forall x\in O, xRy\}$$

即$g$是属性与其所覆盖的所有对象的映射。

## 二、粗糙概念格的构建

粗糙概念格能够反映对象与特征间的确定与不确定关系,

具有处理不确定性知识的能力，粗糙概念格的构建在决策背景的规则抽取中具有重要的意义。

**(一)粗糙概念格的性质和分层建格思想**

由粗糙概念格的定义和定理可得出下面的性质。

在粗糙概念格中，若格 $A(M_1,N_1,Y_1)$ 和 $B(M_2,N_2,Y_2)$ 的内涵数目相同，即 $|Y_1|=|Y_2|$，则格结点 A 和 B 位于同层，自顶至下的概念内涵逐层减 1。

若格结点 $H(M,N,Y)$ 有 $n$ 个子结点，分别为：$H_1(M_1,N_1,Y_1)$，$H_2(M_2,N_2,Y_2)$，$\cdots H_n(M_n,N_n,Y_n)$ 则 $M=\bigcup_{i=1}^{n}M_i$，$N\in N_i$，$Y=\bigcup_{i=1}^{n}Y_i$。

证明：因为格结点 $H$ 是 $H_i$ 的前驱，所以 $Y\supseteq Y_i$，即 $Y=\bigcup_{i=1}^{n}Y_i$，又因为：$M_i=g(y_1)\bigcup g(y_2)\bigcup\cdots\bigcup g(y_i)$，$Y=\bigcup_{i=1}^{n}Y_i$，所以 $M=\bigcup_{i=1}^{n}M_i$。

设 $\forall x\in N$，则 $\forall y\in N$，都满足，所以 $H_n$ 中任意属性 $y$ 也满足 $xRy$，即 $x\in N$，则 $N\subseteq N_i$。

以 Bordat 算法为基础，采用自顶向下的构造方法，首先构造最上层结点，然后逐层构造。以决策属性值为切入点，构造根接点的子结点，然后对按决策值分类的子结点分别构造其自身的子结点及其各层结点。

**(二)建格算法**

假设有决策背景 $(G,C\bigcup D,I)$，其中 G 为对象集，C 为条件属性集，D 为决策属性集，I 为 G 与 $C\bigcup D$ 间的一个二元关系，$C=\{c_1,c_2,\cdots c_i\}$，决策属性：$D=\{d_1,d_2,\cdots d_j\}$，且 C，D，G 均为非空有限集合。

1)处理决策背景中的多决策属性，组合所有的多决策属

性值,将结果作为单决策属性;否则直接转第二步

2)构造第一层结点——根结点

将条件属性集合与单决策属性值做笛卡儿乘积,其结果作为根结点的内涵,即为:$\{c_1, c_2\cdots, c_i, d_1, d_2, d_j\}$,上近似外延为对象集 $G$,下近似外延为空集(因为每个对象的决策值不可能有多个),则根结点为$(G, \phi, \{c_1, c_2\cdots, c_i, d_1, d_2, \cdots, d_j\})$。

(3)构造第二层格结点——根结点的子结点。以决策属性值为切入点,构造根结点的子结点

首先找出决策属性值覆盖的对象,即$g(d_j)-\{g\in G, gId_j\}$。其次找出决策属性共有 $j$ 个值,则共有 $j$ 个子结点。令 $j=j+1, j=0,1,2,\cdots g(d_j)$中每个对象所具有的所有条件属性,将这些条件属性组合,与 $d_j$ 做笛卡儿乘积,作为此结点的内涵,最后根据上近似外延与下近似外延定义,求出二者;这样就可得出第 $j$ 个子结点。

(4)构造第 $m$ 层格结点,$m=3,4,\cdots$

对 $m-1$ 层决策属性值为 $d_j$ 的每个格结点中的条件属性集合的所有的最大幂集与 $d_j$ 分别做笛卡儿乘积,生成子结点的内涵,然后根据定义求出上近似外延与下近似外延。

直至内涵为第二层结点中条件属性集合的最简幂集与 $d_j$ 的笛卡儿乘积为止。

(5)构造末梢结点:其上下近似外延与内涵均为空集

## 三、基于粗糙概念格的关联规则挖掘模型

关联规则获取是我们研究的一个重要领域,也是多属性决策问题中最后要得到的结果之一,关联规则可以方便地用于决策者进行决策,所以是非常重要的。在其他一些研究领域,

关联规则的获取已经得到广泛和深入的研究。如在粗糙集理论中，由于使用了上、下近似，关联规则将相应地根据下近似和上近似而得到的关联规则分别被称为确定性关联规则与非确定性关联规则，而一般更加关心的是确定性的关联规则。

传统的规则挖掘方法往往会产生大量与用户要求无关的冗余规则，这里提出的关联规则挖掘模型运用粗糙集理论，经过多属性约简和规则约简可以产生出有用的、用户所需的决策规则，优化了关联规则①。

**（一）多属性约简的关联规则**

对于一张决策表，每一条信息其实就是一个决策规则，设决策表$S=(U,C\bigcup D)$，其中$C$为条件属性集合，D为决策属性集合。集合$D$导出论域U的划分，形成决策类$U_i$($i$=1,2，⋯，$m$)。

决策表的对象就是决策例子。决策表的归纳就是得到描述每个决策类$U_i$的判别式。当描述具有完全性和一致性时，则描述就是可区分的。完全性是指属于某个类的每个正例必须被认可属于该类；一致性是指属于其他类的每个负例必须被认可不属于该类。我们需要得到具有下列形式的决策规则：

$$ifs_1,s_2,s_3thend_i$$

其中，$S_j$为选择算子，即具有下列形式的基本条件：<属性，关系，取值集合>，其中属性来自条件属性集合，关系表示=，≠，≥，≤，∈，⋯，取值集合可以是一个特定的值或属性值域的子集$d_i$表示所指的决策类$U_i$。

①王顺晃，舒迪前．智能控制系统及其应用[M]．北京：机械工业出版社，2005.

由于对象集合可能存在不一致性,因此可以利用决策类的上近似、下近似或边界域描述决策类$U_i$。利用下近似可以产生确定性的规则,利用上近似或边界域可以产生可能性的或近似规则。确定性的规则指定一个独立的决策类,可能性的或近似规则不能指定一个独立的决策类。

给定对象集合K,一条规则可能是:

(1)部分的,即至少覆盖K中的一个对象。

(2)一致的,即不覆盖K之外的任何对象。

(3)最小的,即如果从规则的条件部分删除任何选择算子$S_j$,都将破坏上述一致性。

决策表经过属性约简后,一些不必要的属性可以删除,决策表仍然满足一致性。相对于初始的决策表,表中规则的适应增强了,信息也得到了压缩。

**(二)多属性约简的决策规则约简**

一张决策表通过对其属性的约简之后,会形成一张新表,这样得到的每一条信息就又是一条决策规则,相当于对原有决策规则的一种约简,仍会出现条件信息冗余的情况,这样就不得不再对其进行进一步的提取和约简,得到最后的决策规则。

而在此期间,主要是遵循以下的原则进行约简:

(1)生成规则是否是某一概念的最小判别描述(Minimal discriminant description),即规则的条件部分在能够反映概念特征的前提下,要保持最简,不应该有无关冗余的条件属性。

(2)生成的规则集所表达的知识是否完备。这两个方面通常是相互关联的。

一般来说，为了生成规则的最小描述，通常要剔除无关属性。常采用条件削减（dropping conditions）来实现，即在规则生成以后，试着删除条件部分的某些属性，然后检查是否与数据表中的记录相矛盾。如果不矛盾，说明这些属性是多余的；反之，这些属性是必要的。

**（三）决策背景和决策规则获取**

由决策背景，可以分别得到条件概念和决策概念，进而可以产生决策规则。决策表可笼统地分为一致的（或协调的、相容的）和不一致的（或不协调的、不相容的）。书中给出一致决策背景的规则获取方法。

决策形式背景$U(C\bigcup D,I)$简称为决策背景，通常也用五元组$(U,C,I,D,J)$称为一个决策形式背景，其中$(U,C,I)$和$(U,D,J)$为形式背景，$U$为对象集，$C$为条件属性集，$D$为决策属性集。

**（四）决策背景的属性约简**

粗糙概念格是由决策背景诱导得到的，减少与简化粗糙概念格的结点以及优化决策规则，可以通过决策背景的属性约简。通过属性约简，可以删除对决策概念没有影响的条件属性，从而简化决策背景。利用决策背景的辨识矩阵和辨识函数给出了决策背景属性约简问题的判定定理和具体属性约简方法。

通过粗糙集与概念格理论进行结合研究，讨论了粗糙概念格，提高概念格的数据分析和知识提取的能力，使概念格具有处理不确定性知识的能力，并讨论了粗糙概念格的Hasse图、决策背景决策规则、属性约简等问题。通过属性约简，可以删除对决策概念没有影响的条件属性，从而简化决策背景。由于决策背景的属性约简不改变原来的决策规则，从而可以更有效地进行资料分析。

## 四、基于粗糙集理论的关联规则应用

中医临床经验是在长期与疾病做斗争的实践过程中逐渐形成的，是理论与实践相结合的产物。中医临床经验的总结不仅能丰富中医学的理论体系，还能为中医学的学术进步产生巨大的推动作用。中医医案是中医临床医师实施辨证论治过程的文字记录，是保存、查核、考评乃至研究具体诊疗活动的档案资料。在中医药学领域中，自古至今，分散在各种史料中记录的医案雏形，到医案专著，医案一直伴随着中医药学的发展。

然而，随着诊疗过程的延续存储方法的进步，会有越来越多的医案涌现，个人精力难以对诸多医家的医案进行全面学习。因此，需要有一种高效的医案分析方法进行分析和辅助学习。基于粗集理论的数据挖掘是从大量数据中发现有用知识的分析方法，将计算机数据分析技术和方法引人中医医案研究工作是一个重要发展方向。

### （一）数据分析工具ROSETTA系统

粗糙集理论提供了一个基于可分辨方法描述和说明的框架，同时也为数据挖掘和知识发现奠定了一个有力的基础。罗塞塔（ROSETTA）系统拥有一套灵活和强大的算法，是一个强大的、界面友好的和基于可分辨知识发现的强大系统，并具有提供给医学领域来分析列表数据的必要特点，ROSETTA系统是目前最完整最灵活、先进的粗糙集软件系统了。

ROAETTA系统，通过开放式数据库连接（ODBC）接口，对几乎所有类型的相关数据源提供支持。事实上，这种支持使得ROAETTA系统可以直接从多种多样的数据源中输入表格数据。在数据导入过程中,数据词典自动生成。这种数据词典是载有属性信息的数据元,如姓名、类型和单位。这些数据词典在内核与前台之间建立联系,从而给用户展示了从模型域中得到的信息条,数据词典还可以明确地输入和输出,为使用者提供了方便的应用接口和功能扩展的可能性。

**(二)喘症医案的收集和数据预处理**

资料与整理人工收集和整理《吴鞠通医案》《经方实验录》等名中医案例600余例,建立喘症和药效数据库,通过病因、病位或疗效建立数据表之间的连接。

数据预处理我们使用了以下原则和方法对数据做了预处理:①空值的处理:每列数据的平均值填补空值,但必须保证每列数据的空值个数不能超过一半。②当数据之间差距较大时,会导致方差过大,特别当每列数据的方差接近甚至超过平均值时,要重新考虑数据的来源。

## 第三节　基于模糊关联规则的智能控制

### 一、模糊控制的基本理论

模糊逻辑控制(Fuzzy Logic Control)简称模糊控制(Fuzzy Control),是以模糊集合论、模糊语言变量和模糊逻辑推理为基础的一种计算机数字控制技术。1965年,美国的L.·A.·扎德(L. A. Zadeh)创立了模糊集合论;1973年,他给出了模糊逻辑控制的定义和相关的定理。1974年,英国的E.·H.·马丹尼(E. H. Mamdani)首次根据模糊控制语句组成模糊控制器,并将它应用于锅炉和蒸汽机的控制,获得了实验室的成功。这一开拓性的工作标志着模糊控制论的诞生。

**(一)模糊集合论基础**

模糊数学将数学的应用范围从清晰现象扩大到模糊现象领域,相应将经典集合扩展为模糊集合。

1.模糊集的定义

设$U$是一个论域,做映射$u$,$u:U\rightarrow[0,1]$,$\forall u\in U$,$u\rightarrow A(u)\in[0,1]$,则称$u$是$U$上的一个模糊集,记作$A$。为方便记忆,"模糊(Fuzzy)"记为"$F$","模糊集"写为"$F$集"。

由上述定义不难看出,普通集合和模糊集合的差别在于特征函数的取值范围,前者是集合{0,1},而后者是闭区间[0,1]。即模糊集是普通集的推广,而普通集是模糊集的特殊情况。

2.模糊集的表示

$F$集合$A$有各种不同的表示方法。一般情况下$F$集合$A$可表示为

$$A=\{(u,A(u))|u\in U,0\leqslant A(u)\leqslant 1\}$$

如果$U$是有限集或可数集,可表示为

$$A=\sum A(u_i)/u_i$$

或表示为向量(称为F向量)

$$A=(A(u_1),A(u_2),\cdots,A(u_n))$$

如果U是无限不可数集,可表示为

$$A=\int A(u)/u$$

式中“/”不是通常的分数线，只是一种记号，它表示论域$U$上的元素$u$与隶属度$A(u)$之间的对应关系；符号“$\Sigma$”及“$\int$”也不是通常意义下的求和与积分，都只是表示$U$上的元素$u$与其隶属度$A(u)$的对应关系的一个总括。

**（二）模糊逻辑、模糊逻辑推理和合成**

模糊逻辑是在J.卢卡斯维兹多值逻辑基础上发展起来的，多值逻辑中命题的真值可取从0～1的任何值，但此值是确切的。然而在许多情况下，要给命题的真实程度赋予确切数值也是困难的。但是人用某些约定的模糊语言却能对模糊命题给予贴切的描述，这些语言虽然不是精确的，然而相互之间却都能理解接受，并且一般不但不会引起误解，反而显得更贴切有效，体现了人脑模糊思维的逻辑特征。这说明这些模糊语言是具有逻辑真值的功能。由此用带有模糊限定算子的从自然语言提炼出来的语言真或者模糊数来代替多值逻辑中命题的确切数字真值，就构成模糊语言逻辑，通常就简称为模糊逻辑。在经典二值逻辑中实际上也有语言真值，那就是真和假，但是在模糊逻辑中则有无穷多个语言真值。有不少著作和文献又广义地把多值逻辑和模糊语言逻辑都归为模糊逻辑。但实际上模糊逻辑承认从0到1之间有无穷多个相互重叠渗透的中介，或者说没有任何明确的中介，具有典型的亦此亦彼性，从这一点讲，模糊逻辑与多值逻辑是有本质区别的[①]。

①郭广颂．智能控制技术北京[M]．北京：北京航空航天大学出版社，2014.

1. 模糊逻辑的提出

罗素（B. Russel）（1872—1970年）和布兰克（M. Black）（1909—1989年）都对模糊现象进行过研究，特别是布兰克的研究已经走到了模糊逻辑的边缘，但是在对“程度”的选择上走错了路，他选择的不是命题的“真实程度”，而是从统计角度选择了“使用程度”，这样就把模糊问题又归为几率问题了。但是他应该是第一个发现“模糊”海岸线并指出路的人，他是第一个提出模糊集合概念的鼻祖。模糊逻辑概念则是美国贝尔电话实验室的玛瑞诺斯（Marinos）于1966年在一份内部研究报告中提出的。1969年，美国洛杉矶加州大学计算机科学系的歌岗教授又对不确切概念的逻辑进行了研究；1972年—1974年，扎德先后提出了模糊限定词、语言变量、语言真值和近似推理等关键概念，制定了模糊推理的复合规则，为模糊逻辑系统奠定了基础。

2. 模糊逻辑的基本运算

（1）模糊逻辑“补”

$$\overline{P} = 1 - P$$

（2）模糊逻辑“取小”。

$$P \wedge Q = \min(P, Q)$$

（取两个真值中小的一个，对应于二值逻辑中的“与”）

（3）模糊逻辑“取大”

（取两个真值中大的一个，对应于二值逻辑中的“或”）

$$P \vee Q = \max(P, Q)$$

(4)模糊逻辑“蕴含”

$$P \to Q = ((1-P) \vee Q) \wedge 1$$

(5)模糊逻辑“等价”

$$P \leftrightarrow Q = (P \to Q) \wedge (Q \to P)$$

除这五种运算外,为模糊逻辑运算又定义了三种界限运算。

对各个元素而言,分别相加,相加后的值比1小的作为限界和,而把大于1的部分作为限界积。

(6)模糊逻辑限界积

$$P \odot Q = (P+Q-1) \vee 0 = \max(P+Q-1,0)$$

(7)模糊逻辑限界和

$$P \oplus Q = (P+Q) \wedge 1 = \min(P+Q,1)$$

(8)模糊逻辑限界差

$$P - Q = (P-Q) \vee 0$$

**(三)模糊语言和模糊推理**

在模糊逻辑的基础上发明了模糊语言,它是模拟人思维的一种逻辑语言。模糊语言的取值是用模糊语言表示的模糊集合。模糊语言的这种模糊性显示出了人们判断和处理模糊现象的能力。模糊语言的语言变量用一个有5个元素的集合($N$, $T(N)$, $A$, $G$, $M$)来表征,其中:$N$是语言变量名称,如年龄、颜色、速度、体积等;$A$是$N$的论域;$T(N)$是语言变量值$X$的集合,每个语言值$X$都是定义在论域$A$上的一个模糊集合;$G$是语法规则,用以产生语言变量$N$的语言值$X$的名称;$M$是语义规则,是与语言变量相联系的算法规则,用以产生模糊子集$X$的隶属函数。

语言变量通过模糊等级规则,可以给它赋予不同的语言值,以区别不同的程度。

为了模拟人类语言需要对模糊语言加一些前缀后者模糊量词做一些修饰,这就是语气算子,加上不同的语气算子就构成了形形色色的模糊语言。

模糊推理是一种不确定性、近似的推理,其基础是模糊逻辑,它是一种以模糊判断为前提,运用模糊语言规则,推出一个新的近似的模糊判断结论的方法。模糊推理的推理规则是模糊的。

**二、模糊控制特点**

一般模糊控制系统的架构包含五个主要部分,即定义变量、模糊化、知识库、逻辑判断及反模糊化,模糊控制具有的特点:①简化系统设计的复杂性,特别适用于非线性、时变、滞后、模型不完全系统的控制。②不依赖于被控对象的精确数学模型。③利用控制法则来描述系统变量间的关系。④模糊控制器是语言控制器,便于操作人员使用自然语言进行人机对话。⑤模糊控制器是一种容易控制、掌握的较理想的非线性控制器,具有较佳的鲁棒性、适应性、强健性及较佳的容错性。

但同时也具有的缺点:①模糊控制的设计尚缺乏系统性,这对复杂系统的控制是难以奏效的。难以建立一套系统的模糊控制理论,以解决模糊控制的机理、稳定性分析、系统化设计方法等一系列问题。②如何获得模糊规则及隶属函数,即系统的设计办法,完全凭经验进行。③信息简单的模糊处理将导致系统的控制精度降低和动态品质变差。若要提高精度就必然增加量化级数，降低决策速度，甚至不能进行实时控制。④如何保证模糊控制系统的稳定性即如何解决模糊控制中关于稳定性和鲁棒性问题还有待解决。

## 三、模糊关联规则

关联规则挖掘是数据挖掘中最活跃的研究方法之一，最早是由阿格拉沃尔（Agrawal）等人于1993年提出的。关联规则挖掘的目的是从数据中发现项集之间有趣的关联和相关关系，其应用背景从开始的购物篮分析以发现商品销售中的顾客购买模式扩展到网站设计与优化、设备故障诊断、药物成分关联分析、交通事故模式分析、蛋白质结构分析等，其理论研究内容也从最初的频繁模式挖掘扩展到闭合模式挖掘、扩展型关联规则、最大模式挖掘、衍生型关联规则、增量挖掘、隐私保护、主观兴趣度度量、挖掘后处理、相关模式、数据流等多种类型数据上的关联规则挖掘等。

### （一）关联规则的相关概念

在数据挖掘技术繁荣发展的大背景下，关联规则技术得到了蓬勃发展，成为数据挖掘研究的一个重要分支，并正向着更为广泛而深入的方向继续发展。

关联规则是一种简单、实用的分析规则，是数据挖掘中最成熟的主要技术之一，由阿格拉沃尔等人首先提出的。关联规则挖掘的目的是从大量的数据中挖掘出有价值的描述数据项集之间相互联系的关联关系，将隐藏在海量数据中的潜在知识表达成人类可以理解的形式，从而更好地指导实践。

关联规则挖掘的一个典型实际应用是购物篮分析，目的是根据消费者的消费记录数据发现交易数据库中不同商品之间的联系规则，从而帮助商家分析消费者的购买行为模式，有针对性地采取相应的营销手段。

关联规则的挖掘算法中最经典的是Apriori算法，该算法简单明了，没有复杂的理论推导，也易于实现，因此仍然是目前使用最为广泛的关联规则提取算法，许多关联规则挖掘算法都是由它演变而来的。该算法时间性能仍存在不足，所产生候选项集数量较大，冗余较多，因此筛选出用户真正感兴趣的，有意义的关联规则尤为重要。

**（二）模糊关联规则挖掘模型**

在现实生活中，人们对许多事物的理解基于模糊的概念，事务的一些属性需要用模糊的语言进行抽象和概括，例如，根据人的年龄，抽象出青年、中年和老年的模糊概念，因此用模糊集合从具有模糊的、不确定的属性的事务中提取出人们感兴趣的关联和联系，并用自然语言来表达，更符合人类的思维和推理习惯。

模糊关联规则将数据挖掘技术和模糊概念相结合，其规则的提取过程就是将经典的Apriori算法扩展到包含模糊属性的事务当中，将事务的每个模糊属性指定划分范围，然后将每个属性通过隶属函数映射到模糊集合中，最终得到人们感兴趣的模糊关联规则形式。

在传统关联规则挖掘中，事务或者一定属于某个项集，或者不属于某个项集，二者必具其一，体现的是经典集合论的方法。然而对具有连续属性的事务数据库也用传统的挖掘方法，作数据预处理，将这些连续属性根据数值区间划分为经典集合就不能真实正确地反映现实情况。

在对具有连续属性的数据源做数据预处理时引入模糊集合,利用隶属函数将其划分为模糊集合,使对象与模糊属性借助于隶属函数值来建立关系,以有效地解决“边界尖锐”问题,使集合的划分能真实有效地反应数据本身的特征。

模糊关联规则的挖掘首先要将数据库的数据记录模糊化,通过领域专家对模糊集合的属性划分得到多个相关项并给出隶属函数形式,计算每条记录上各个相关项的隶属度值;在对数据库中的属性值进行模糊概念上的转换后,属性之间的关联也成了模糊意义上的关联,对模糊化后的数据库进行挖掘,所形成的关联规则即为模糊关联规则。

**(三)模糊关联规则挖掘算法**

为挖掘有效的模糊关联规则,用户必须先给定最小支持度和最小置信度,其挖掘算法也分为两步进行:①发现所有的模糊频繁项目集,即找到所有不小于用户给定的最小支持度的模糊频繁项集。②从所有的模糊频繁项目集合中,产生所有可能的关联关系,并提取出不小于最小置信度的模糊关联规则。

模糊关联规则挖掘算法的流程大致可以描述如下:①输入,数据库,最小支持度,最小置信度。②输出,模糊关联规则。

在数据预处理中引入模糊集合,将数据属性映射到相应的模糊集合中,计算每个模糊属性隶属度用以表示模糊属性项集的值。在模糊数据库中,计算所有的模糊候选1-项集的支持度,删除支持度小于最小支持度的部分,得到模糊频繁1-项集。将模糊频繁1-项集进行连接操作,得到模糊候选2-项集。计算所有模糊候选2-项集的模糊支持度,删除那些不小于最小支持度的属性集,形成模糊频繁2-项集。按此方法将过程进行下去,直至发现所有的模糊频繁k-项集为止。在所有的模糊频繁项集之中,得到不小于最小置信度的关联规则。

本算法的基本流程与Apriori算法比较,主要区别在于:①在传统的关联规则挖掘过程中,对于某一条事务记录,要么具有某个属性,在事务数据库中记为1,要么不具有某个属性,相应记录用0表示。②传统关联规则中,事务对属性的支持度计数是以该事务在事务集中出现次数占总事务数的比例来体现的,而后者的支持度计数是通过数据项对各属性的隶属度计算得来,是介于0~1之间的一个实数。

## 四、模糊控制系统的组成和原理

### (一)模糊控制系统结构

模糊控制系统是一种自动控制系统,它是以模糊数学、模糊语言形式的知识表示和模糊逻辑推理为理论基础,采用计算机技术构成的一种具有闭环结构的数字控制系统。它的组成核心是具有智能型的模糊控制器。如图4-1所示,一种典型的模糊控制系统结构图,从图中可以看出,模糊控制系统由以下几个部分组成:模糊控制器、输入输出接口、检测装置、执行机构和被控对象。

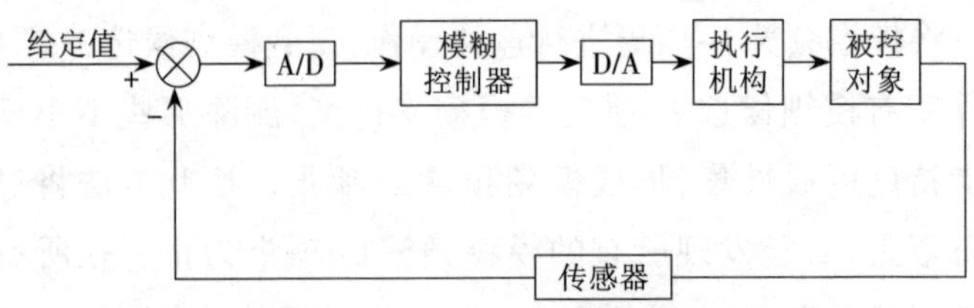


图4-1　模糊控制系统结构

控制器由计算机实现，需要A/D，D/A转换接口，以实现计算机与模拟环节的连接，同过传感器将被控制量反馈到控制器，与设定值相比较，根据误差信号进行控制。

1.被控对象

被控对象是一种设备或装置，或是若干个装置或设备组成的群体，它们在一定的约束下工作，以实现人们的某种目的。工业上典型的被控对象是各种各样的生产设备实现的生产过程，它们可能是物理过程，化学过程或是生物化学过程。从数学模型的角度讲，它们可能是单变量或多变量的，可能是线性的或非线性的，可能是定常的或时变的，可能是一阶的或高阶的，可能是确定性的或是随机过程，当然也可能是混合有多种特性的过程。正如前文所述，有不少对象是难以建模的。

2.检测装置

检测装置一般包括传感器和变送装置。它们检测各种非电量如温度、流量、压力、液位、转速、角度、浓度、成分等并变换放大为标准的电信号，包括模拟的或数字的等形式。在某些场合，检测量也可能是电量。与一般的自动控制系统一样，模糊控制需要能够提供实时数据的在线检测装置，对于有较大滞后的各种离线分析仪器，往往不能满足模糊控制实时性的要求。检测装置的精度级别应该高于系统的精度控制指标,这在模糊控制系统中同样适用。

3.执行机构

执行机构是模糊控制器向被控对象施加控制作用的装置,如工业过程控制中应用最普遍最典型的各种调节阀。执行机构实现的控制作用常常表现为使角度、位置发生变化,因此它往往是由伺服电动机、步进电动机、气动调节阀、液压阀等加上驱动装置组成。

4.输入输出接口

输入输出接口是实现模糊控制算法的计算机与控制系统连接的桥梁,输入接口主要与检测装置连接,把检测信号转换为计算机所能识别处理的数字信号并输入给计算机。输出接口把计算机输出的数字信号转换为执行机构所要求的信号,输出给执行机构对被控对象施加控制作用。

5.模糊控制器

模糊控制器是模糊控制系统的核心,也是模糊控制系统区别于其他自动控制系统的主要标志。模糊控制器一般由计算机实现,用计算机程序和硬件实现模糊控制算法,计算机可以是单片机、工业控制机等各种类型的微型计算机,通常模糊控制器主要由四部分组成:模糊化(Fuzzifer)、知识库(knowledge base)、模糊推理(Fuzzy Reasoning)和去模糊化(Defuzzifer)。通常情况下以系统输入的误差(E)和误差改变量(EC)作为模糊控制器的输入。此过程就称为精确量的模糊化或者模糊量化,其目的是把传感器的输入转换成模糊控制系统中可以进行模糊操作的模糊变量格式;知识库环节,知识库中包含了具体应用领域中的知识和要求的控制目标,通常由数据库和模糊控制规则库两部分组成。这其中,数据库主要包括语言变量的隶属函数、尺度变换因子以及模糊空间的分级数等;规则库包括了用模糊语言变量表示的一系列控制规则,它们反映了控制专家的经验和知识等;模糊推理环节,它是模糊控制器重要组成部分,具有模拟人的基于模糊概念的推理能力,其推理是基于模糊逻辑中的蕴含关系及推理规则来进行的;清晰化环节,它的主要功能是将模糊推理所得的控制量(模糊量)变换为实际用于控制的清晰量。

### (二)模糊控制器的组成和原理

模糊控制系统性能指标的好坏,很大程度上是由模糊控制器的灵敏程度决定的。一般来说,模糊控制器的组成是由输入量模糊化、数据库、规则库、模糊推理机和输出量解模糊这五个部分构成,模糊控制器的知识库是由规则库和数据库这两大部分构成,其详细的组成框图,如图4-2所示。

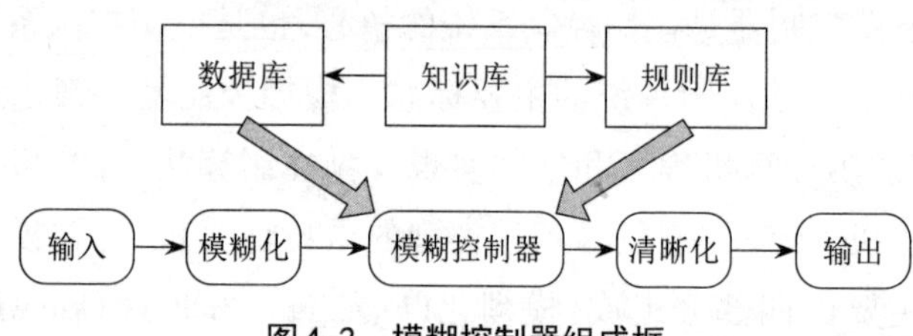


**图4-2　模糊控制器组成框**

1.模糊化

模糊控制器的输入量,即整个系统的输入数值,必须通过模糊化这一过程才能适用于模糊控制器中求解,本质上,模糊控制器的输入接口就是模糊化过程,它的作用便是把系统确定的输入数值转换成一个模糊矢量,是模糊控制的前提。

2.数据库

数据库存放的内容是输入变量和输出变量的模糊子集属度矢量值,即在其论域上按相应的等级数离散化后对应集合的矢量表示值。在规则推理的模糊关系方程中,向推理机提供数据。若论域为连续域,则为隶属度函数,常用的隶属度函数有Z型函数、Ⅱ型函数、S型函数、三角形函数、梯形函数等。

3.规则库

模糊控制器的规则不需要有精确的数值,是根据人工操作熟练人员长期积累的经验,它是依照人类的直觉推理衍生出的一种语言形式。用来存放全部模糊控制规则的便是规则库,在推理过程里为"推理机"提供多条控制规则。

4.推理机

在模糊控制器中,推理机输入模糊量依据模糊控制规则完成模糊推理来求解模糊关系方程,并得到模糊控制量的功能模块。一般来说,模糊控制器设计过程中,它是选定的推理算法软件,但是随着现代微电子和集成技术的发展,具有该类功能的硬件芯片已经逐步在广泛领域应用。

5.模糊判决

模糊推理的结果不能够直接作为被控对象的控制量来应用,这些模糊值需要转化为可以被执行机构使用的精确数值,此过程就是所谓解模糊过程,也被命名为模糊判决,它很像数学里的映射关系,是模糊空间到清晰空间的映射。

6.模糊控制器的分类

现阶段,模糊控制器的研究越来越深入,应用也日益广泛,模糊控制器从原来单一的结构形式发展成为多种多样的结构形式。按照模糊控制器建模型式的不同可以分为:多值逻辑模型、数学方程模型和语言规则模型;按照模糊控制器输入、输出变量的数量可以分为单变量模糊控制器和多变量模糊控制器;按控制功能的不同可以分为:自适应模糊控制器、自学习模糊控制器和专家模糊控制器。

**(三)模糊控制器的设计过程**

模糊控制器的设计大致包括:①输入变量和输出变量的确定。②输入输出变量的论语和模糊分隔以及包括量化因子和比例因子在内的控制器参数的选择。③输入变量的模糊化和输出变量的清晰化。④模糊控制器规则的设计以及模糊推理模型的选择。⑤模糊控制程序的编制。

## 第四节 关联规则与智能控制的技术进展

### 一、关联规则最新技术进展

关联规则技术作为数据挖掘的经典成分,经过十余年的发展,已经取得了飞跃性的进展和成果。与此同时,该领域也不断涌现出一些最新的研究成果,呈现出一些新颖,而又富有探索性、挑战性的开放性问题,引领着我们做进一步的深入思考和探索。

**(一)关联规则隐藏**

随着数据挖掘技术的发展和人们对隐私信息关注的日益增加,隐私保护数据挖掘逐渐成为一个研究热点。为了应对关联规则挖掘所可能引起的个人隐私和商业机密泄露，在隐私保护数据挖掘(privacy preserving data mining，PPDM)方向出现了关联规则隐藏问题。PPDM包含数据隐藏(data hiding)和知识隐藏(knowledge hiding)，其中前者关注于数据自身敏感内容的保护，而后者侧重于分析挖掘得到的结果是否包含敏感知识，也就是所谓关联规则隐藏。

关联规则隐藏的目标是，通过数据清洁(Sanitization)，尽量少地改动原始数据集(Least possible distortion)，同时使得关联规则挖掘结果：①含任何隐私性和机密性规则或模式。②精准(既不多也不少)保留非敏感性规则或模式。

解决的方法有三种类型：①启发式方法(Heuristic methodology)，对于前述若干个目标或约束，往往启发式地有优先次序地近似地去满足这些要求，寻求近似(Approximate)的但可行的解决方案。②基于边界(Border-based)的方法，控制生成频繁或兴趣项集的格子(Lattice)的边界，最小程度地进行数据修改，隐藏敏感规则。③精准式(exact hiding)方法，往往将关联规则隐藏视为一个精准的约束满足优化问题，因此可以有效保证敏感信息的隐藏。

在该问题上，海量数据背景下，复杂的能进一步降低计算复杂度和减少开销的精准式关联规则隐藏等方面仍有待深入探索。

**(二)可行动关联规则和领域驱动关联规则**

领域驱动数据挖掘(Domain-driven Data Mining，D3M)旨在解决传统数据挖掘技术在应用过程中所提交结果可操作性不强的弱点，有针对性地提出了挖掘可行动知识(actionable knowledge)的目标,即所提交结果可以直接用于商业决策或商业行为,需要为用户所感兴趣。D3M要架构的是跨越学术研究和商业应用两者之间的桥梁。

**(三)关联规则、模式应用研究**

在理论突破基础上,更要与各个领域的实际应用和实际需求相结合,形成关联规则和模式应用的经典案例。在ICDM2010大会上,就专门评选出了Top10数据挖掘案例研究。其中部分经典案例采用了关联规则、模式的方法,如Zhiling Lan等通过系统日志预测超级计算机在线错误;Longbing Cao等社会安全数据的挖掘包含了若干个子应用,子应用1通过关联规则和决策树发现债务人的人口统计信息,子应用2使用影响性为目标(impact target)的序列模式挖掘来发现债务出现的活动序列,子应用3使用组合关联规则(combined association rules)来发现快/慢类型付款人的行为模式。

与领域专家知识和领域最新学术研究成果相结合,指导领域现实应用和专家知识发现的实际优秀案例将会促使关联规则和模式向深度领域驱动方向演进,其结果将有更强的实际可用性。

**(四)关联规则在我国的应用**

关联规则挖掘技术已经被广泛应用在西方金融行业企业中,它可以成功预测银行客户需求。一旦获得了这些信息,银行就可以改善自身营销。银行天天都在开发新的沟通客户的方法。各银行在自己的ATM机上就捆绑了顾客可能感兴趣的本行产品信息,供使用本行ATM机的用户了解。如果数据库中显示,某个高信用限额的客户更换了地址,这个客户很有可能新近购买了一栋更大的住宅,因此会有可能需要更高信用限额,更高端的新信用卡,或者需要一个住房改善贷款,这些产品都可以通过信用卡账单邮寄给客户。

同时,一些知名的电子商务站点也从强大的关联规则挖掘中的受益。这些电子购物网站使用关联规则中规则进行挖掘,然后设置用户有意要一起购买的捆绑包。也有一些购物网站使用它们设置相应的交叉销售,也就是购买某种商品的顾客会看到相关的另外一种商品的广告①。

但是在我国,“数据海量,信息缺乏”是商业银行在数据大集中之后普遍所面对的尴尬。金融业实施的大多数数据库只能实现数据的录入、查询、统计等较低层次的功能,却无法发现数据中存在的各种有用的信息,譬如对这些数据进行分析,发现其数据模式及特征,然后可能发现某个客户、消费群体或组织的金融和商业兴趣,并可观察金融市场的变化趋势。可以说,关联规则挖掘的技术在我国的研究与应用并不是很广泛深入。

由于许多应用问题往往比超市购买问题更复杂,大量研究从不同的角度对关联规则做了扩展,将更多的因素集成到关联规则挖掘方法之中,以此丰富关联规则的应用领域,拓宽支持管理决策的范围。如考虑属性之间的类别层次关系,时态关系,多表挖掘等。

## 二、智能控制最新技术进展和应用领域

智能控制是自动控制理论发展的必然趋势,人工智能为智

①李兵兵,伍维根,谢永春. 智能控制理论在电力电子中的应用[J]. 科技创新与应用,2018(35):170-172.

能控制的产生提高了机遇。自动控制理论是人类在征服自然，改造自然的斗争中形成和发展的。控制理论从形成发展至今，已经经历多年的历程，分为三个阶段：第一阶段是以20世纪40年代兴起的调节原理为标志，称为经典控制理论阶段；第二阶段以60年代兴起的状态空间法为标志，称为现代控制理论阶段；第三阶段则是80年代兴起的智能控制理论阶段。

傅京孙在1971年指出，为了解决智能控制的问题，用严格的数学方法研究发展新的工具，对复杂的“环境—对象”进行建模和识别，以实现最优控制，或者用人工智能的启发式思想建立对不能精确定义的环境和任务的控制设计方法。这两者都值得一试，而更重要的也许还是把这两种途径紧密地结合起来，协调地进行研究。

Saridis在学习控制系统研究的基础上，提出了分级递阶和智能控制结构，整个结构自上而下分为组织级、协调级和执行级三个层次，其中执行级是面向设备参数的基础自动化级，在这一级不存在结构性的不确定性，可以用常规控制理论的方法设计。协调级实际上是一个离散事件动态系统，主要运用运筹学的方法研究。组织级涉及感知环境和追求目标的高层决策等类似于人类智能的功能，可以借鉴人工智能的方法来研究。

1985年8月，IHE在美国纽约召开了第一届智能控制学术讨论会，智能控制原理和智能控制系统的结构这一提法成为这次会议的主要议题。这次会议决定，在IEEE控制系统学会下设立一个IEEE智能控制专业委员会。这标志着智能控制这一新兴学科研究领域的正式诞生。智能控制作为一门独立的学科，已正式在国际上建立起来。智能技术在国内也受到广泛重视，中国自动化学会等于1993年8月在北京召开了第一届全球华人智能控制与智能自动化大会，1995年8月在天津召开了智能自动化专业委员会成立大会及首届中国智能自动化学术会议，1997年6月在西安召开了第二届全球华人智能控制与智能自动化大会。

近年来，智能控制技术在国内外已有了较大的发展，已进入工程化、实用化的阶段。但作为一门新兴的理论技术，它还处在一个发展时期。然而，随着人工智能技术，计算机技术的迅速发展，智能控制必将迎来发展的一个全新的时期。

1.工业过程中的智能控制

生产过程的智能控制主要包括两个方面：局部级和全局级。局部级的智能控制是指将智能引人工艺过程中的某一单元进行控制器设计，例如，智能PID控制器、专家控制器、神经元网络控制器等。研究热点是智能PID控制器，因为其在参数的整定和在线自适应调整方面具有明显的优势，且可用于控制一些非线性的复杂对象。

2.机械制造中的智能控制

在现代先进制造系统中，需要依赖那些不够完备和不够精确的数据来解决难以或无法预测的情况，人工智能技术为解决这一难题提供了有效的解决方案。智能控制随之也被广泛地应用于机械制造行业，它利用模糊数学、神经网络的方法对制造过程进行动态环境建模，利用传感器融合技术来进行信息的预处理和综合。可采用专家系统的“Then-If”逆向推理作为反馈机构，修改控制机构或者选择较好的控制模式和参数。

利用模糊集合和模糊关系的鲁棒性，将模糊信息集成到闭环控制的外环决策选取机构来选择控制动作。

3.电力电子学研究领域中的智能控制

电力系统中发电机、变压器、电动机等电机电气设备的设计、生产、运行、控制是一个复杂的过程，国内外的电气工作者将人工智能技术引入到电气设备的优化设计、故障诊断及控制中，取得了良好的控制效果。遗传算法是一种先进的优化算法，采用此方法来对电气设备的设计进行优化，可以降低成本，缩短计算时间，提高产品设计的效率和质量。应用于电气设备故障诊断的智能控制技术有：模糊逻辑、专家系统和神经网络。

## 三、智能控制的探索研究方向

随着关联规则技术的不断成熟和发展，它的应用范围将逐步扩散到智能控制的应用范围内。它由最初的购物篮扩展到网站路径优化、网络行为挖掘、网络入侵检测、分类关联规则、交通事故模式分析、空间关联分析、知识抽取和推荐、中医药药物关联分析、设备故障诊断、蛋白质结构分析、软件bug挖掘等。其理论研究的内容也从最初的频繁模式挖掘不断扩展到闭合模式挖掘、最大模式挖掘、扩展型关联规则、关联规则隐私保护、增量挖掘、挖掘后处理、规则主观兴趣度度量、数据流等多种类型数据上的关联规则挖掘

面向物联网(Internet of Things)、计算机—物理一体化的新型模式和关联规则挖掘物联网，即“物物互联的网络”被称为是继计算机、互联网之后的世界信息产业革命的第三次浪潮。而CPS系统则在物联网基础上，进一步强调计算机空间(Cyberspace)和现实物理空间之间的融合和交互,具备感知、计算、通信、精准控制、自治、远程协同等能力,是计算过程和物理过程的集成。

未来的物联网、信息—物理一体化系统将从根本上深刻地影响和改变人们的生产、生活方式。它将产生很多新颖的应用:智慧超市、产品全生命周期跟踪、生产实时监控和管理、应急联动、智慧医疗、车联网等各个领域,并呈现出实时感知、泛在聚合、深度协同、智能信息处理等特征。这些新应用和新特征,将对关联规则和新型模式挖掘提出新的要求和挑战。有几个问题值得深入探索和思考:①各种新的物联网应用情景对数据挖掘有什么新需求、新约束,又提供了什么样的新的知识发现的可能性。②如何应对实时感知数据的海量性、分布性、并发性、不确定性。③各种感知工具所捕获的跨媒体异构数据存在一定的内在联系和依赖关系,因此,如何实现面向泛在聚合的跨媒体的挖掘。④如何将新型物联网应用中的各种类型的显性的、隐性的领域知识整合到挖掘过程,实现领域驱动的可行动知识发现;⑤如何满足深度协同和动态控制对动态、并发、协同、循环反馈挖掘以及挖掘结果可信、实时、可操作、反馈后调整等要求。⑥如何实现计算机—物理一体化环境下数据挖掘隐私保护。⑦如何实现挖掘得到知识的自动推送、自动学习、自进化。⑧如何实现人机物一体深度融合式挖掘,数据挖掘与物理过程相融合。⑨如何整合云计算平台于物联网挖掘和CPS挖掘。⑩如何实现挖掘过程的自治。

# 第五章 基于网络环境的智能控制

## 第一节 网络环境下控制的特殊性问题

### 一、网络环境下控制的实时性和生存性问题

以太网具有传输速度高、低耗、易于安装和兼容性好等优点，但是传统以太网采用总线式拓扑结构和多路存取载波侦听碰撞检测（CSMA/CD）通信方式，在实时性要求较高的场合，传输过程会产生延滞，这被称为以太网的"不确定性"。

#### （一）以太网的通信响应"不确定性"产生的原因

以太网通信响应的"不确定性"是它在工业现场设备中应用的主要障碍之一。以太网采用的介质访问控制方法是冲突检测载波监听多点访问（Carrier Sense Multiple Access with Collision Detection，CSMA/CD）机制，它的基本工作原理简单说可以被描述为"先监听再行动的工作方式"。即某节点要发送报文时，首先监听网络，如网络忙，则等到其空闲为止，否则将立即发送；如果两个或更多的节点监听到网络空闲并同时发送报文时，它们发送的报文将发生冲突，因此每个节点在发送报文时，必须监听网络。当检测到两个或更多的报文之间出现碰撞时，节点立即停止发送，并等待一段随机长度的时间后重

新发送。该随机时间由标准二进制指数补偿算法确定。但是，在10次碰撞发生后，该间距将被冻结在最大时间片（即1023）上，16次碰撞后，控制器将停止发送并向节点微处理器报告失败信息。

网络负荷较高时，以太网上存在的这种碰撞成了主要问题，因为它极大地影响了以太网的数据吞吐量和传输延时，并导致以太网实际性能的下降。由于一系列碰撞后，报文可能会丢失，因此，节点与节点之间的通信将无法得到保障①。

显然，这种机制比较适合信息吞吐量大、但对传输实时性要求不高的场合。而对于工业现场控制网络，以太网的这种“不确定性”会导致系统控制性能的下降，更有甚者，这种“不确定性，还会使现场报警信息和控制信息不能及时发送出去而导致事故的发生。

**（二）以太网技术的发展为通信响应确定性，提供了技术保障**

以太网（Ethernet）最初是在1973年由Dr Robert Metcacfe领导的小组在Xerox Palo Alto Research Park研制出来的。它最早应用于微型计算机系统商业网络终端。1993年出版的IEEE802.3标准是对DIX Ethernet 2.0版本的修改和提高，它和1985年发布的IS08802.3标准是相同的。初期以太网的拓扑结构是总线型的，传输介质为粗/细同轴电缆。挂接在10Bases（粗同轴电缆）或10Base2（细同轴电缆）上的所有以太网设备共享同一个逻辑传输介质。当网络负荷较大时，以太网上的报文碰撞就比较频繁，从而大大影响网络的吞吐量和传输延

①张凯．网络化制造环境下机械设备自动控制的运用[J]．电子技术与软件工程，2017(19)：113.

时,并使网络性能大大降低。

为解决这个问题,人们通过仔细设计,采用网桥或路由器等设备将网络分割成多个网段。在每个网段上,以一个多口集线器为中心,将若干个设备或节点连接起来,这种方式即构成了星型拓扑结构。挂接在同一网段上的所有设备形成一个冲突域,每个冲突域均采用CSMA/CD机制来管理网络冲突。这种分段方法可以使每个冲突域的网络负荷大大减小,因此冲突很少发生或几乎不发生。它的特点是在基于以太网的系统中,同一时刻可以实现多通道通信,因此网络性能得到了大大提高。

以太网系统中的交换式集线器,也称以太网交换机。它是由传统集线器(即共享式集线器)构成的。与一般以太网系统相比,虽然两者在形式上均属于星型结构,但它们有着本质的区别。共享式集线器的结构和功能在逻辑上可以认为是具有多个连接点的公共总线。

一般来说,交换式集线器可以认为是一个受控制的多端口开关矩阵,如图5-1所示。

一个具有5个端口的物理交换机,2个不同端口之间看似具有一个逻辑开关,该开关受控接通或断开。这样,在交换机上可以存在20个逻辑开关,控制20个数据通道,每个数据通道实际上反映了一个端口发送帧和另一个端口接收帧的逻辑现象。显然,正常工作时,1个端口同时不能向1个以上端口发送帧,1个通道上也不能同时进行双向的数据传输。从逻辑原理图上也可以看到,各端口的信息流是被隔离的,两端口之间的通信通道一经建立,就可以交互。

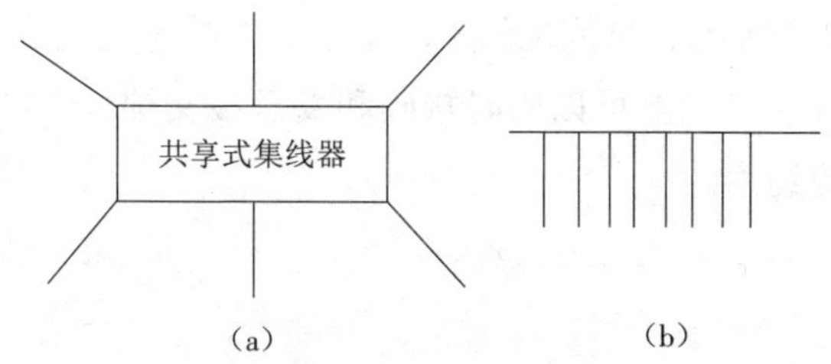


**图5-1　共享式集线器的物理和逻辑连接**

注:(a)为物理连接;(b)为逻辑连接。

由此可见,在以太网交换机组成的系统中,每个端口就是一个冲突域,各个冲突域通过交换机进行隔离,实现了系统中冲突域的连接和数据帧的交换。这样,交换机各端口之间同时可以形成多个数据通道,正在工作的端口上的信息流不会在其他端口上广播,端口之间报文帧的输入和输出已经不再受到CSMA/CD介质访问控制协议的约束。

然而,在交换式以太网中,虽然交换机本身工作时已不受CSMA/CD的约束,但在节点到交换机和两个交换机之间如果还是采用传统的半双工传输方式的话,那么这些网段上不管是采用双绞线还是光缆,仍要受到CSMA/CD介质访问控制方式的约束,如图5-1所示。

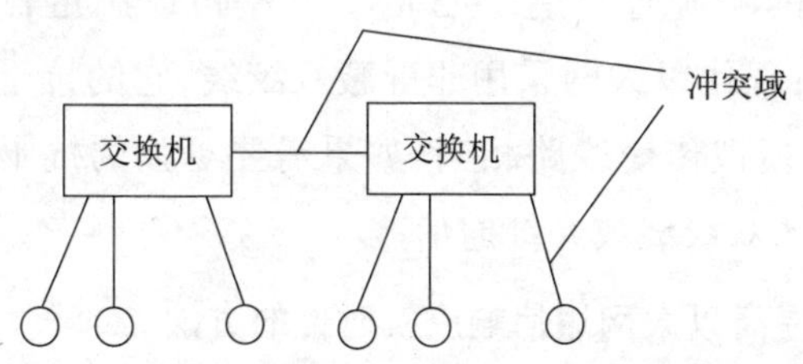


**图5-1　交换式以太网分割半双工传输的冲突域**

为解决这个问题,全双工以太网技术和产品问世了,其结构如图5-2所示。与传统的半双工以太网技术的区别在于:端口间两对双绞线上可以同时接收和发送报文帧,不再受到CS-MA/CD的约束。

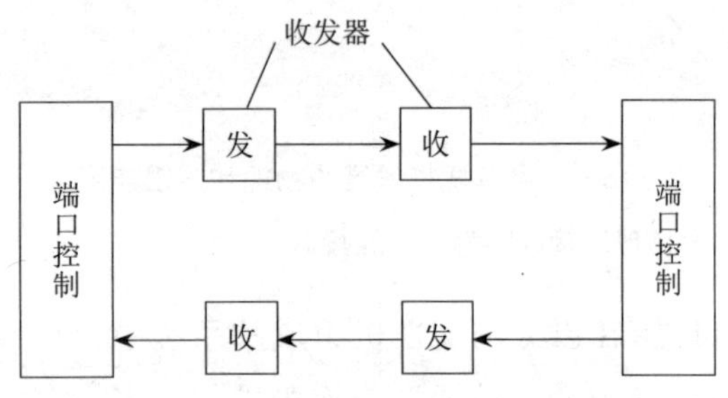


图5-2　端口间全双工以太网传输

此外,以太网的通信速率也得到了极大的提高,10 Mb/s以太网应用已非常普遍,100 Mb/s以太网也得到了广泛应用,1000 Mb/s以太网也已在骨干网上得到较多的应用。以太网通信速率的提高,也使网络传输延时缩小为10 Mb/s时的1/10、1/100。因此当以太网发展到今天的交换式以太网时,响应不确定性的问题已得到解决。

总起来说,采用交换机,接入网络的节点各自独占一条线路,避免了冲突;采用高速扩展卡,126个节点的100 Mb/s交换式以太网的响应时间是2～3 ms。几乎可以满足各种控制系统的要求;现代以太网采用非屏蔽双绞线,它的抗干扰能力与4～20 mA模拟传输线路相当:如果需要更强的抗干扰能力可以采用屏蔽双绞线或光纤通信。

**(三)提高以太网通信响应实时性的方法**

综合以太网技术的发展,以太网通信响应的实时性可以通过以下方法予以保证。

1.采用全双工交换式以太网技术,可提高以太网通信响应的“确定性”

根据上面的分析可知,以太网交换机在端口之间数据帧的输入和输出不再受CSAM/CN机制的约束,避免了冲突。而全双工通信又使得端口间两对双绞线上可以同时接收和发送报文帧,任何一个节点发送报文帧时,不会再发生碰撞,冲突域已经不复存在。

此外,使用交换式集线器还可以扩大网络带宽。对于普通共享式以太网,若共有N个用户,则每个用户占有的平均带宽只有总带宽的1/N。而使用交换式集线器,虽然数据传输速率还为10 Mb/s,但由于一个用户在通信时是独占而不是和其他网络用户共享传输媒体的带宽,因此整个局域网的可用带宽就是N·10 Mb/s。同时,当工作在全双工方式时,两个通信方向的传输速率均为10 Mb/s,相当于交换机与连接设备之间的通信速率为20 Mb/s。

2.降低网络负载

对于共享式以太网来说,当通信负荷在25%以下时,可保证通信畅通,当通信负荷在5%左右时,网络上碰撞的概率几乎为零。由于工业控制网络与商业网不同,每个节点传送的实时数据量很少,一般仅为几个位或几个字节,而且突发性的大量数据传输也很少发生,因此完全可以通过限制每个网段站点的数目,降低网络流量。

3.提高网络传输速率

假设用UDP发送46 B的有效载荷数据(其中包括20 B的EP头信息和8B的UDP头信息),再加上26B的MAC帧信息,如图5-3所示。

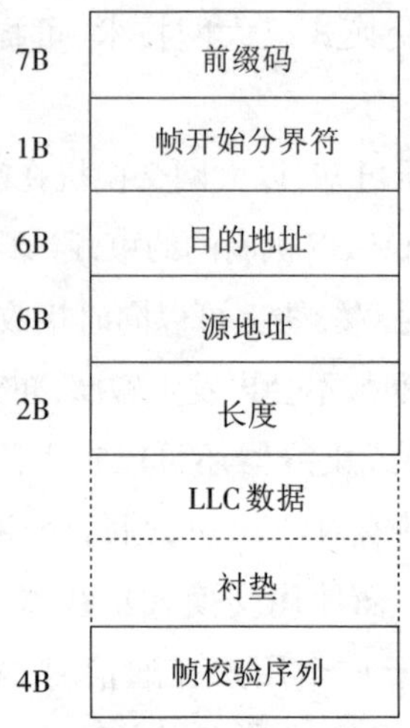


图5-3　MAC帧格式

4.应用报文优先级技术

根据IEEE802.3P&q,在智能式交换机或集线器中,可以根据报文中的信息类型设置优先级,也可以根据设备级别设置优先级,还可以根据报文中信息的重要性来设置优先级。优先级高的报文先进入排队系统先接受服务。

**(四)控制网络生存性问题**

所谓网络生存性,是指以太网应用于工业现场控制时,必须具备较强的网络可用性。即任何一个系统组件发生故障,不管它是硬件还是软件,都会导致操作系统、网络、控制器和应用程序以至于整个系统的瘫痪,则说明该系统的网络生存能力非常弱。网络高可用性包括以下几个方面的内容。

1.控制网络的高可靠性

控制网络的高可靠性包括可靠性、可恢复性和可管理性。可靠性是指当以太网应用于工业现场时,往往会经常发生故障,并导致系统的瘫痪,这是因为工业现场的机械、气候、尘埃等条件非常恶劣,因此对以太网的可靠性提出了更高的要求。

可恢复性是指当以太网系统中任何一个设备或网段发生故障而不能正常工作时,系统能依靠事先设计的自动恢复程序将断开的网络连接重新链接起来,并将故障进行隔离,以使任何一个局部故障不会影响整个系统的正常运行,也不会影响生产装置的正常生产。同时,系统能自动定位故障,并使故障能够得到及时修复。

可管理性是高可用性系统的最受关注的焦点之一。通过对系统和网络的在线管理,可以及时的发现紧急情况,并使得故障能够得到及时的处理。可管理性一般包括性能管理、配置管理、变化管理等。

2.提高网络生存性的手段

为提高应用于工业现场的以太网控制系统的网络生存性,一般可采用以下几种方法。

(1)应用可靠性设计提高以太网设备的可靠性

根据调查统计分析,大量产品故障原因由于设计不良引起的占50%以上。产品设计一旦完成,并按一定要求被制造出来后,其固有可靠性就被确定了。其中,生产制造过程最多只能保证设计中形成的产品潜在可靠性得以实现,而在使用和维修过程中只能是尽量维持已获得的固有可靠性。可靠性设计在总体工程设计中占据重要的位置。

工业以太网设备的设计过程中,通过采取必要的可靠性设计措施,如分散的结构化设计、冗余设计、电磁兼容性设计等,并通过必要的可靠性试验对其进行进一步的验证,以保证以太网现场设备运行在工业环境下的可靠性。

(2)设计环型冗余以太网结构网络以提高系统的可恢复性

对以太网结构采用传统现场总线系统中为提高可恢复性而采用的环型拓扑结构，如图5-4所示。

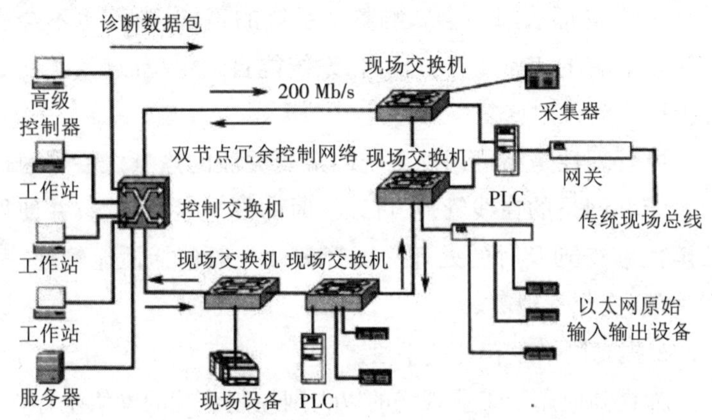


图5-4 环形以太网结构

在这种结构中，以单环以太网作为主干网络，控制室交换机除了作为实现以太网交换机的以太网交换功能外，还将传统以太网的两端连接起来，从而形成一个传输速率为200Mb/s物理环。同时，控制交换机是一个网络冗余管理者，它通过内置的冗余管理程序，向相反两个方向发布和接收诊断信息，并根据接收信息诊断网络的工作状态，同时产生网络在任何一个时刻的实时状态报告。

网络发生故障时，处理方式如图5-5所示。

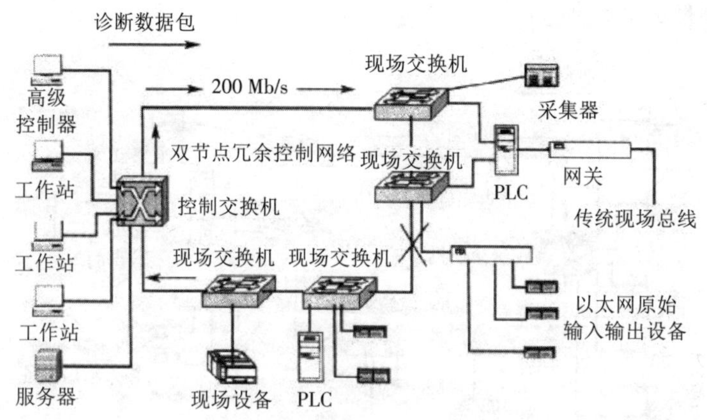


图5-5 环形以太网结构中的故障处理

当环中出现故障时。交换机的两个端口仍然保持正常通信。但是由于网络出现了故障,环中没有了某个目标的诊断信息,交换机就把这种诊断数据信息的丢失认为是网络故障。这时,它内部的逻辑开关就会将断开的两个节点连接起来,使网络能够继续正常工作。通常这种结构的故障检测和网络恢复的过程在20~300 ms内完成。

这种结构由于利用了作为控制交换机的两个端口实现以太网的环网连接,因此通常称这为双节点冗余以太网。这种双节点冗余以太网可以大大减少连接的物理线路,使网络有更快的响应时间。

为此,采用一种双重化冗余结构——双环冗余以太网,如图5-6所示。在这种结构中,骨干网上的线缆和交换机设备全部进行冗余配置,这样在每个环网上都可以实时发送和接收信息。显然,这种结构不仅具有双节点环网所具备的网络冗余管理功能,而且由于增加了硬件设备的冗余配置,系统的可靠性大大增加。

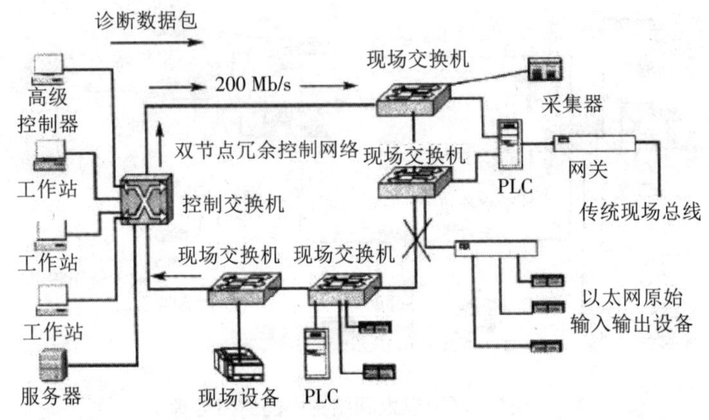


图5-6 冗余双环以太网结构

当正常运行的主干网络出现故障时,如图5-7所示。这时发送站点诊断到信息传送有故障发生,发送站点会自动选择另一条主干网络作为传输通道,此时另一条环网将负责整个系统的通信任务,使通信仍然通畅。

双环冗余以太网在运行过程中,应用层软件在一个很小的周期内对整个网络进行路由控制、流量控制、差错控制、自动重发、报文传输时间顺序检查和网络故障诊断检查,使网络在1s内完成另一条信道的正常使用,不会对数据传输的实时性有任何影响。

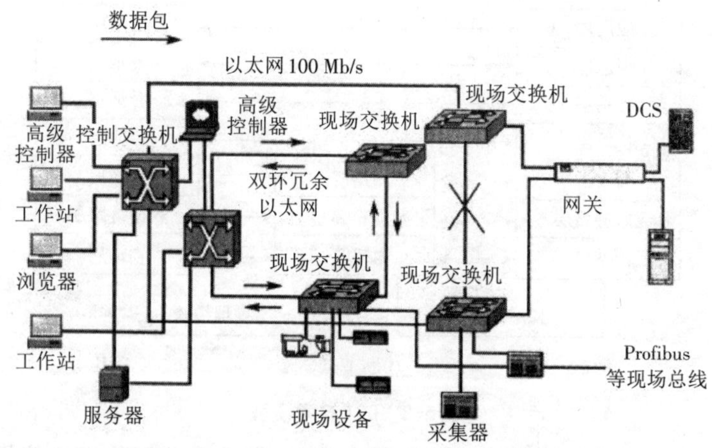


图5-7 冗余双环以太网结构中的故障处理

## 二、网络环境下控制的通信机制与协议

开放系统互连模型是为实现开放系统互连而建立的模型，其目的是为不同计算机互连提供一个共同的基础和标准框架，并为保持相关标准的一致性和兼容性提供共同的参考。

### (一)现场总线通信模型

开放系统互连模型综合了原有的互连技术，提供了概念性和功能性的结构。该模型把开放系统的通信功能划分为7层，将相似的功能集中在同一层内，每层只对上下层定义操作接口，各层协议细节的研究是各自独立的。当需要改变原有的某层协议时，只需保留与其上下层的接口，不必改变其他层内容，OSI参考模型如图5-8所示。

OSI参考模型利用其下一层提供的服务，为其上一层提供服务，而与其他层实体无关。在OSI模型中，第1层至第3层为底层功能，实现传送功能；第4层至第7层为高层功能，实现通信处理。

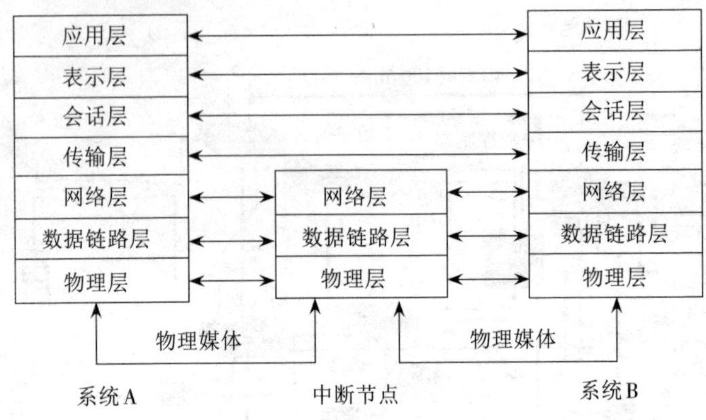


图5-8 OSI参考模型

第1层为物理层。提供用于建立、保持和断开物理连接机械的、电气的、功能的和过程的条件。考虑到现场设备的安全稳定运行，物理层作为电气接口，还应该具备电气隔离、信号滤波等功能，有些还需处理总线向现场设备供电等问题。物理层有四个重要特性：机械特性，电气特性，功能特性和规程特性。

第2层为数据链路层。用于建立、维护和拆除链路连接，实现无差错传输功能。它处理两个有物理通道直接连接的邻接站点之间的通信。

第3层为网络层。它是主机与通信网络的接口，是网络中相邻两节点间的通信协议。网络层利用数据链路层所提供的相邻节点间的无差错传输功能，通过路由和中继功能，实现两个系统的连接。

第4层为传输层。主要功能是实现开放系统之间数据的收发确认，同时用于弥补各种通信网络的差异，对经过下三层之后仍然存在的传输差错进行恢复，进一步提高可靠性。

第5层为会话层。主要功能是向会话的应用进程之间提供会话组织和同步服务，对数据的传送提供控制和管理，以便协调会话过程，为表示层提供更好的服务。

第6层为表示层。主要功能是把应用层提供的信息变换成能够共同理解的形式，提供字符代码、数据格式、加密等的统一表示。

第7层为应用层。实现的功能分为用户应用进程和系统应用进程。系统应用进程管理系统资源，由管理进程向系统各层发出各种管理命令，相应的各层向管理应用进程提交诊断及状态数据。

**（二）以太网网络模型**

以太网模型省去了OR参考模型中的会话层和表示层，如图5-9所示。

其中的数据链路层由逻辑链路控制（LLC）子层和介质访问控制（MAC）子层组成。逻辑链路控制子层提供面向连接的虚电路服务和无连接的数据包服务，其主要功能是数据包的封装和拆装，为网络层提供网络服务。介质访问控制子层的主要功能是控制对传输介质的访问。

工业生产现场存在大量传感器、控制器、执行器等现场设备，它们通常相当零散的分布在较大范围内，由它们构成的工业控制底层网络，单个节点的控制信息量不大，信息传输的任务比较简单，但实时性、快速性要求较高。如果按照7层OR参考模型，由于层间操作和转换复杂，网络的成本和软件的开销都很大，这也是OSI在现在的Internet中没有得到广泛应用的原因之一。现场总线模型既要遵循开放系统集成的原则，又要考虑到满足实时性要求和工业控制网络的低成本,现场总线采用的通信模型大都在OSI参考模型的基础上进行了不同程度的简化,典型的现场总线通信协议参考模型如图5-10所示。

| 应用层 |
| --- |
| 传输层 |
| 网络层 |
| 链路层 |
| 物理层 |

图5-9　以太网网络模型

| OSI参考模型 | 现场总线参考模型 |
| --- | --- |
| 应用层 | 应用层 |
| 表示层 | |
| 会话层 | |
| 传输层 | |
| 网络层 | 总线访问子层 |
| 数据链路层 | 数据链路层 |
| 物理层 | 物理层 |

图5-10　典型现场总线通信协议参考模型

典型的现场总线通信协议模型采用OR模型中的三个典型层:物理层、数据链路层和应用层。省去中间的3~6层后,考虑现场总线的通信特点,设置一个现场总线访问子层(FAS)。它具有结构简单、价格低廉的特点,同时又能满足工业现场应用的性能要求。几种典型的现场总线通信协议模型如下。

1.LonWorks的通信协议——LonTalk

LonWorks技术所用的协议是开放式通信协议LonTalk，将在本章后面详细介绍。

2.基金会现场总线(Foundation Fieldbus)通信模型

基金会现场总线通信模型采用了OR模型中的三层:物理层、数据链路层和应用层，省略了其中3层~6层，如图5-11所示。

| 应用层 | 用户层 |
| --- | --- |
| 现场总线信息规范子层FMS现场总线访问子层FAS | 通信栈 |
| 数据链路层 | |
| 物理层 | 物理层 |

图5-11 基金会现场总线通信模型

其中物理层、数据链路层采用IEC/ISA标准。应用层有两个子层:现场总线访问子层FAS和现场总线信息规范子层FMS，并将从数据链路到FAS、FMS的全部功能集成为通信栈。FAS的基本功能是确定数据访问的关系模型和规范，根据不同的要求采用不同的数据访问工作模式。

3.CAN总线通信协议模型

CAN总线是开放系统，但没有严格遵循国际标准化组织ISO的开放系统互连的7层参考模型OR。出于实时性和降低成本等因素的考虑，CAN总线只采用了其中最关键的三层，即物理层，数据链路层和应用层。其中数据链路层又进一步分为逻辑链路控制子层LLC和媒体访问控制子层MAC；而应用层则包含了ISO/OSI模型中物理层和数据链路层外其余各层的功能。

CAN总线物理层的主要内容是规定了通信介质的机械、电气、功能和规程特性。物理层规定了CAN的电平为两种状态:“隐性”(表示逻辑1)和“显性”(表示逻辑0),且规定了通过特定的电路在逻辑上实现“线与”的功能。

数据链路层的主要功能是将要发送的数据进行包装,即加上差错校验位、数据链路协议的控制信息、头尾标记等附加信息组成数据帧,从物理信道上发出去;在接收到数据后,再把附加信息去掉,得到通信数据。

CAN的数据链路层采用了CSMA/CD(载波监听多路访问/冲突检测方式),但是和普通的Ethernet不同,CAN采用非破坏性总线仲裁技术。当多个节点同时向总线发送信息时,优先级较低的节点会主动退出发送,而高优先级的节点可以不受影响地继续传送数据,从而大大节省了总线冲突仲裁时间。

CAN总线的物理层和数据链路层的功能在CAN控制器中完成。

4.LAN/Fieldbus控制网络网关模型

LAN/Fieldbus控制网络中关键部分就是网关,它在网络中转换以太网和现场总线之间的数据。根据以太网和现场总线模型。

网关中的现场总线物理层和数据链路层对应于各种现场总线网络适配器,提供对相应总线的访问及满足各种通信介质的需要。现场的仪表或设备要向计算机发送数据或命令时,首先将数据发送到网关上的现场总线网络适配器上,在网络适配器上经过物理层、数据链路层,如果此时网关上的CPU正在处理其他事件而且其优先级高,就把数据放到网络适配器的内存上;当CPU处理完该事件后就从排在优先级最高的现场总线适配器中把等待的数据取出,经过现场总线虚拟通道和TCP/IP等协议封装后,再经过以太网发送到相应的控制计算机,现场总线虚拟通道为每种现场总线协议分配相应的端口号以便区别。反过来,当控制计算机向现场仪表、设备发送信息时,它首先基于以太网和TCP/IP协议将信息发给网关,然后由网关将数据送到相应的现场总线发送单元中,由网络适配器把命令或数据发送给相应的仪表或设备。

## 第二节 基于网络的虚拟智能控制技术与系统

虚拟现实(Virtual Reality,VR)是20世纪末发展起来的一种可以创建和体验虚拟世界的计算机系统。它在计算机中生成逼真的视、听、触觉一体化的虚拟环境,从本质上来说,就是一种高度逼真的人机界面技术,涉及计算机图形学、人工智能、智能接口技术、多媒体技术、网络技术、传感技术以及高度并行的实时计算技术等领域。

迄今为止,虚拟现实技术仍是一门不成熟和不完善的技术。尤其是在智能控制领域,虚拟技术与系统的开发已不再是一个单步式的、相对独立的、严格串行的工作过程,而是多个分布式研究成员共同利用信息流资源,依靠Internet.Intranet,在计算机支持下协同工作的过程。在虚拟产品开发的某一过程,系统内存在众多同步、异步、穿插的活动,这些复杂的相对独立又相互约束的并行工作,只有紧密结合智能技术才能完成。

## 一、控制仿真与虚拟现实

计算机技术的飞速发展,数据通信、网络工程和信息管理等系统性能的巨大改进,出现了将智能控制技术、计算机技术和通信技术结合起来的崭新技术与系统。智能控制系统正朝着计算机化、标准化和网络化三大趋势发展,涌现了一些诸如"虚拟智能控制"等先进的理念,因此,以网络为基础的控制仿真系统与虚拟现实相结合势在必行,它将为整个社会带来巨大的经济效益。

### (一)虚拟现实的基本特性与特点

1.虚拟现实的基本特性

"虚拟现实"或者是"灵境",是一种高级的人机交互接口。它通过为用户提供自然感知的交互手段,进而最大限度地方便用户的操作,以达到用户在虚拟的环境中工作就像在现实世界一样的感觉效果。

对于虚拟现实的特点有多种提法,其中最具有代表性的是Grigore Burdea和Philippe Coiffet在其著作"Virtual Reality"中提出的3个"I"特性,即交互性(Interactivity)、沉浸感(Immersion)和想像性(Imagination).3"I"基本上包含了虚拟现实的重要特征。

(1)沉浸感

沉浸感又称为存在感。虚拟现实是通过计算机生成一个非常逼真的足以"迷惑"人类感觉的虚幻世界。这种"迷惑"是多方面的。我们不仅可以看到而且可以听到、触到乃至于嗅到这个虚拟世界中所发生的一切，这种感觉是如此的真实，以至于我们能全方位地浸没在这个虚幻的世界中，这是虚拟现实的首要功能和最主要特性。理想的虚拟现实环境应该达到用户难以分辨真假的程度。为了使用户产生存在感，一个虚拟现实系统需要有3个必备的条件：即虚拟现实系统必须有三维图形显示，而且这种图形显示必须要有足够大的"视场"，从而使用户可以在图像世界内观察，而不是利用窗口观察：虚拟物体和用户间的交互是三维的，用户作为交互作用的主体，通过各种感知设备的辅助，觉得自己是在虚拟环境中参与对物体的控制，就像他在现实环境中一样。

(2)多感知性

现实世界中人的知觉是多种多样的，在虚拟环境中，用户也要有多种感知。所谓多感知就是说除了一般计算机所具有的视觉感知之外，还有听觉感知、力觉感知、触觉感知、运动感知、味觉感知和嗅觉感知等。

(3)交互性

虚拟现实不是一个静态的世界，它可以对使用者的输入(如手势，语言命令)做出响应。当你一扭头，显示屏上的图像将发生相应的变化，你一推操纵杆，就可以在里面漫游，你甚至可以用虚拟的手感触到虚拟物体的存在。

(4)自主性

虚拟现实系统中的物体可以按照各种模型和规则自主运动，其按照物理规律动作的程度反映了系统自主性的好坏。比如，当你用手去拖拉一个虚拟物体时，它应该按照作用力的方向前进或者向前倾倒；当你投掷一个虚拟铅球时，它应该沿着抛物线下落到地面。

以上关于虚拟现实的四个特性是相互联系的，其中一种特性的减弱势必导致其他特性相应减弱。在四个特性之中，沉浸感最为重要，是评价虚拟现实系统好坏的关键，而多感知性、交互性和自主性对沉浸感作用非常强烈，所以不能单以沉浸感来估计系统性能。

2.虚拟现实的硬件特点

虚拟现实的特性之一就是人机之间的交互性。虚拟现实利用计算机和电子技术产生逼真的视、听、触、力、温度、气味等三维感觉环境，形成一种虚拟世界。通过专门的交互装置，用户可根据自身的感觉，使用人的自然技能对虚拟世界中的客体进行考察或操作，参与其中的事件。视觉显示和交互是虚拟现实的首要的技术。虚拟现实中对视觉设备的要求是必须能实现三维立体显示。

音频系统是虚拟现实设备中硬件比较完善的系统。一般来说可以通过立体声来解决音频播放的问题，如两声道立体声技术和多声道环绕立体声技术等。

人类在与外部世界进行信息交流时，除了通过语言这个最主要的传达信息手段，另一个重要手段就是通过其形体和肢体动作向外界传达信息。在虚拟现实中为了捕捉人类传达的各种动作信息，需要对人体不同部位的位置信息加以跟踪①。

与外界环境的触觉和肢体信息交互主要包括对环境参量的测量、人体形体动作的位置跟踪、力量反馈等方面。这些都

①卢世健．刍议智能控制理论的发展及应用[J]．计算机光盘软件与应用，2014，17(16)：37-38.

要有特殊的设备和技术完成系统对信息的数字化和跟踪，并将它们与系统的控制和应用结合起来。

3.虚拟现实的软件特点

通常，一个虚拟现实系统由建模模块、三维模型、检测模块、反馈模块、传感器、控制模块等构成。建模模块运用知识库、模式识别、人工智能等技术建立模型，通过三维动画实现虚拟环境的视觉模拟，通过音响制作进行声音模拟，人的动作由传感器进行检测，然后通过控制模块对虚拟环境进行操纵。同时，通过反馈作用给人以动感、触觉、力觉等感受。虚拟现实的软件工程包括了虚拟物体的几何模型、运动模型、物理模型的建立，虚拟立体声的产生，模型管理技术以及实时模拟技术等。详细内容将在后续章节中介绍。

**(二)计算机控制仿真系统**

工业自动化及自动控制技术在工业生产中具有极其重要的地位。随着计算机技术、通信技术和微电子技术的不断发展完善，使得计算机在工业控制方面得到越来越广泛的应用。工业生产中的自动控制系统随对象、控制规律和所采用的控制器结构不同而有很大的差别。

1.计算机控制系统的组成

它的基本功能是信号的传递、加工和比较。这些功能是由检测变送装置、控制器和执行装置来完成的。控制器是控制系统中最重要的部分，它从质和量的方面决定了控制系统的性能和应用范围。

2.计算机控制系统的仿真实现

运用数字仿真技术，模拟计算机控制系统，即形成计算机控制仿真系统。利用一台COMPAQ586计算机、一套APACS集散系统的单元控制器和一套IPC-610386工控机及PLC-812多功能接口卡可构成一个仿真系统，COMPAQ586计算机作为操作员接口/工程师工作站，计算机控制系统的控制规律利用该工作站的APACS集散系统组态软件实现，并将组态参数传送到单元控制器，完成各模块初始化和确定控制规律的工作；另外工作站还承担数据处理、监督、管理等任务，如显示具有动态颜色、动作及数值的生产过程流程图，显示过程数据的趋势图，保存历史数据，进行异常状态或故障诊断的屏幕报警等。

单元控制器包括五个插入式模块，有执行控制组态的控制模块ACM，标准模拟量模块SAM，增强模拟量模块EAM、电压输入模块VIM和电阻温度模块RTM，每个模块完成特定的任务。IPC-610工控机负责模拟实现生产过程被控对象，利用PLC-8121/0多功能接口卡，接收单元控制器的控制信号，进行被控对象的数值模拟计算，动态显示被控对象的调节状态，然后通过PLC-812输出被控对象检测量的模拟仿真信号，并传送到单元控制器的相应I/O模块。

**（三）计算机控制仿真与虚拟现实的关系**

虚拟现实就是在计算机仿真技术上发展起来的，其硬软件环境很多都与计算机控制仿真系统相同。但是，虚拟现实和计算机控制仿真还是有很大的区别的。

就计算机控制仿真与虚拟现实的相似性来说，体现在两者均需要建立一个能够模拟生成包括视觉、听觉、触觉、力觉等在内的人体感官能够感受的物理环境，都需要提供各种相关的物理效应设备。随着计算机技术的飞速发展，控制仿真技术的应用领域也在扩大，进而使仿真系统出现了多种形式，仿真不再仅仅是建立相应物理系统的数学模型并在计算机上的解算过程。

计算机仿真与虚拟现实间的最大区别在于前者让用户从外向内观察，而后者则使用户作为系统的主体从内向外观察。这是因为，作为一门利用计算机软件模拟实际环境进行科学试验的技术，计算机仿真虽然可以为仿真过程及结果添加文本提示、图形、图像或动画，以保证仿真过程的直观性，从而使结果更容易理解。但这只是一种以计算机为中心的信息处理环境，人只是一个旁观者，其想法必须适应计算机。对于虚拟现实技术来说，则利用以计算机技术为核心的现代高科技建立了一种基于可计算信息的沉浸式交互环境，形成了集视、听、触等感觉于一体的和谐的人机环境。

计算机仿真与虚拟现实的另一个区别还体现在，计算机仿真仅是出于某一特定目的（如训练）对部分自然世界或部分人造世界的仿真；而虚拟现实却大大突破了仿真的局限，可以对任何想象的环境虚拟实现。因此，虚拟现实的应用领域突破了以训练为主要目的的仿真。

此外，目前仿真对人实现的虚拟环境，一般仅限于作用于眼、耳和身体（角度、加速度等），而虚拟现实则使人处于其中的现实感更加逼真。这是由虚拟现实的沉浸性和交互性这两个基本特性所决定的。虽然在计算机仿真中经常提到的逼真度和沉浸感很相似，但沉浸的概念是从人的主观感觉出发建立的，而逼真度则主要是从客观的角度出发建立的。

但是虽然计算机仿真和虚拟现实有着很大的区别，但两者所使用的技术手段则大致相同，如三维图像技术、传感器技术、多媒体技术及人机接口技术等。

## 二、虚拟控制环境的构建

控制系统是现代化工业、武器、航空、航天系统的核心。控制系统正向着数字化、综合化、智能化的方向发展。系统功能、构成和其他系统交联及设计难度都不断增大。为了缩短控制系统的研制周期，提高研制质量，减少研制风险度和提高一次设计成功率，在计算机网络系统、计算机图像软件和设备、控制系统CAD软件以及仿真环境的支持下，构造虚拟"控制系统原型"（CS-VP），以便从原型机的角度来验证、分析控制系统的设计，及早发现缺陷，改进设计。由于虚拟制造控制对象多为复杂的高阶非线性系统，传感信息多，控制量复杂，使用一种传统的设计方法将无法达到满意的效果。因此，综合应用多种设计方法，采用计算机辅助控制系统设计（CACSD）技术已必不可少。在控制系统设计的最初，CACSD软件具有一定的仿真能力，通过构造被控对象的模型，建立虚拟原型，进行时域仿真。这个层次的软件有不少成熟应用，如最常用的SIMULINK。这类虚拟原型忽略次要因素，只使用设计所需要考虑的输入输出特性，来建立数学模型。通过CACSD软件，使用全数字的虚拟原型仿真，可以确定控制系统全部结构的输入输出指令的信号特征和采样周期等。

一旦控制系统基本结构确定，就可以进行虚拟原型的软硬件设计。通过虚拟原型的各种接口，将软件的开发处于"真实"的环境之中，使控制软件的编制、开发、测试、检验同步进行，直到系统达到期望的性能，实现闭环设计。所依赖的平台是一类嵌入式的计算机系统，具有面向不同目标板和CPU的设计能力，能使用多种编程语言混合编程，调试手段强大，能够通过可视化的方法降低开发难度，加快开发速度；能够和虚拟原型的各个部件之间进行实时或非实时的通信。虚拟原型具有同控制软件开发系统的接口模块和同真实控制计算机的接口模块，可以将实际物理设备接入系统，进行半物理仿真，实现完全意义上的控制系统虚拟原型设计。

**(一)虚拟现实的硬件环境**

虚拟现实是一门人机交互的技术，可以从人和机这两个方面来对其硬件进行分类：从人的角度来说虚拟现实硬件环境需要实现人的视觉环境、听觉环境以及触觉环境。

1.视觉环境系统

人类大脑每秒钟要接受大量视觉信息，并处理这些信息以获得对周围环境的理解，人类的视觉是最有效的感觉器官，对观察者能产生强烈的刺激。因此要增强用户的沉浸感，产生用户的立体视觉，视觉环境系统是虚拟现实系统中最为关键的一个部分。

2.听觉环境系统

由于人对听觉的敏感程度仅次于对视觉的反应，因此在虚拟现实系统中声音是人机交互的第二传感通道。虚拟环境中的三维声音可以与视觉同时并行，使用户能从既有视觉感受又有听觉感受的环境中获取更多的信息，从而更增强了沉浸感和交互性。虚拟现实的听觉环境系统包括两个方面：一是语音识别系统，即计算机对用户语言和因用户动作而产生的声音进行识别；二是三维虚拟声音产生系统，它把计算机处理并输出的三维声音通过耳机或者话筒传递给用户。

虚拟现实系统中,要求计算机产生的三维立体声必须考虑声音的幅度、频率及方向。幅度和频率的实现不是一件难事,而根据使用者的位置,产生不同方位的声音,则要困难得多。目前采用的方法是为系统配置几个独立的同时声源,跟踪系统测量各声源相对用户的位置,并用线性加权函数进行插值,就可以得到需要产生声音的位置信息,从而使计算机输出的声音听起来更具有"真实性"。

3.触觉力觉环境系统

触觉和力觉感受对于人们在现实生活中是必不可少的,通过触摸可以获得两种基本感受,即机械感受和本体感受。机械感受提供给我们关于物体的形状、表面纹理、温度等多方面的线索。

触觉/力觉环境系统主要包括虚拟手控制器系统、触觉反馈系统和力觉反馈系统三个部分。

(1)虚拟手控制系统

虚拟手控制器的原理是通过对手的位置以及相应的手指关节位置进行判定,并且利用这些数据在虚拟显示中对使用者的手进行再现。当用户的手动作时,相应的虚拟手也以相同的方式动作。如果用户实际手位置和计算机产生的图像没有相对延迟,则人手的视觉再现就可以代表其真实的动态。当用户手触摸某一虚拟物体时,用户就应该得到某种形式的反馈或指示,这可用视觉、听觉或触觉传达给用户。

(2)触觉反馈系统

触觉反馈系统采用某些物理设备来提供一种通过皮肤所

感知的触觉反馈信号。目前最常用的模拟触摸反馈方法是气压式触摸反馈法和振动式触摸反馈法。振动式触摸反馈法使用振动显示器,它是由小振动换能器实现的,简单的换能器相当于一个声音线圈,复杂的换能器利用状态记忆合金制成。

(3)力觉反馈系统

一些虚拟环境的运用场合要求在抓握虚拟物体时产生力的反馈,例如,在研究磁性的相斥和吸引时,就一定要采用有力反馈的虚拟系统;当用户需要知道手中的虚拟球是否结实时,也需要力的反馈。

**(二)虚拟现实的软件环境**

具备了视觉、听觉、触觉及跟踪系统的虚拟现实系统只是一些硬件的堆砌,还需要相关支撑软件的辅助,才能使用户交互地考察系统所生成的虚拟世界。虚拟现实系统的设计就是利用各种先进的硬件技术及软件工具,设计出合理的硬、软件体系结构及交互手段。虚拟现实软件是一个相当复杂的系统,要求程序员具有实时系统、面向对象语言、网络、实时多任务等多方面的知识,而具有这些知识的人却不可能完全了解应用领域的知识。

一个成功的虚拟现实工具软件应具备四个特征:①有效性。开发的软件系统的质量依赖于用户观察到的图像对用户动作的响应。②灵活性。虚拟现实是一种新型交互技术,发展速度很快,因此虚拟现实开发工具必须足够灵活,以适应新技术带来的硬、软件变化。必须很容易支持新的设备并提供新的交互手段。③分布式。目前构造的虚拟现实系统很复杂,都需要多台工作站协同工作。④实时性。虚拟环境用户界面要求用户行为对头盔显示器反映的延迟最小。虚拟现实的软件环境的建立流程如下。

(1)虚拟物体的几何模型建立

几何模型包括虚拟物体的形状、表面信息(如纹理、表面反射系数、颜色)及分辨率等。

(2)运动模型的建立

仅仅对虚拟物体作静态描述是不够的,因为虚拟环境是一个动态的交互式环境,对虚拟物体运动的描述包括虚拟物体位置的实化,虚拟物体的碰撞、旋转、放大、缩小及表面变形等。

(3)物理模型的建立

为了使物体不仅具有视觉上的真实性,而且具有感觉上的真实性,必须考虑其物理特性。如虚拟物体的重量、表面硬度及光洁度、物理温度等。

(4)输入输出映射

它用于检测使用者的外部输入命令和计算机的输出命令与虚拟环境中情况是否一致,从而保证计算机能实时、准确地和用户交互。

(5)模型的分割

它包括两个部分,首先是虚拟环境的分割,将复杂的虚拟环境分割成若干个独立的小单元,只有当前单元中的物体被感觉到:另一部分是对当前的所观测到的虚拟物体的距离远近进行分类,距离近的物体可采用高分辨率的显示方式,对距离远的物体可采用低分辨率的显示方式。这样可以降低系统的软件复杂程度。

(6)声音模型的建立

3D虚拟立体声的模拟。

(7)模型管理

它将现阶段任务分成若干独立的部分,并分配相应的软硬件资源。

(8)虚拟现实系统的数据库的建立和管理

它存放的是整个虚拟环境中所有物体的各方面信息。

现有的开发工具大致可以分为三维建模软件、实时仿真软件以及与这两者相关的函数库等三种类型。所有的工具软件都支持某种网络格式,允许并行或分布处理以及多用户交互功能。这对于一组人员同时工作是十分有利的,不仅提高了效率,而且更利于系统的完整性。现有的大多数工具软件都支持CAD3D标准数据交换文件,所有的虚拟现实工具软件都有内置通信驱动器,用以驱动普遍使用的I/O工具,诸如三维鼠标、三维跟踪器、数据手套等设备。

## 第三节 基于网络的智能体

### 一、智能体的结构及其技术

#### (一)智能体的理论基础

Agent的雏形于1977年出现,即Hewitt的"并发演算"模型,Hewitt称Agent是"自包含的、交互的、并发执行的"对象的"演员"。1991年,Rao和乔治(George)建立了第一个基于信念愿望意图(Belief Desire Intention,BDI)观念的Agent逻辑框架。1994年,General Magie公司首先提出了移动Agent的概念。Agent技术的实施诞生了新的软件体系结构。

从1990年至今,Agent的主要研究集中在Agent理论、体系结构和语言。目前对Agent达成的共识:Agent是设计来完成某种任务的、能在一定环境中自主发挥作用的、有生命周期的计算实体。

目前,智能体已经成为许多领域中通用的概念。它代表着一种新的研究方法的诞生,并推动着人工智能走出低谷。在国内,智能体有多种译法,如“主体”“智能代理”“智能主体”“智能体”等。但大多还是直接以原文出现。

智能体理论研究十分重视跨学科之间的横向联系与交叉综合并具有相当大的难度与挑战性。它所涉及的知识面极为广泛,包括计算机科学、人工智能乃至哲学、经济学、社会学、系统论和博弈论等众多的学科领域。尤为重要的是,智能体理论在人工智能的发展史上首次直接而深入地涉及人类智能活动的社会性。它使物化的人工智能具有了丰富而深刻的社会内涵,能表现出人类智能中来源于社会行为的复杂性和多样性,并突破了传统人工智能研究单纯注重于个体智能而刻意回避由社会互动而产生集体智慧的历史局限性。

智能体理论在方法上的创新在于:由于智能体所具备的驻留性与自制性,它可以“存活”于一定的环境中(物理世界、互联网上等),具有一定的“生命力”,并能摆脱传统方法的制约,在没有人类指令及其他智能体的干预下自主、持续运作。它模拟了人类的信念、期望、意图等心智状态和规划、学习等心智活动品质，具有传统人工智能无法具备的人类智能中至关重要的能动性。它不再像以往那样，总是被动地接受已经预设好的算法与指令的驱使，而是能够面向陌生的状态与不确定性，积极主动地进行认知与行动。通过构造混合智能体等方法、智能体理论将传统模式中各执一词的符号主义与行为主义等方法结合起来，能够发挥出仅靠各行其是传统单一方法所不能产生的综合集成能力。传统人工智能在认识与分析问题时，总是忽视或回避现实中的人类、事物及环境之间的互动作用及其复杂性，并常常对这种复杂性加以一种十分消极和封闭的抽象与还原，将其削足适履地硬性纳入一个或几个机械的普适模式中。这种方法总是竭力在静态、呆板以及过度的简约性中"雕琢"智能。与此不同的是，智能体方法以其移动性、适应性、交互性及协作性直面现实中的动态特性，将主观意向的认知、表达及转换与客观世界的变化紧密结合在一起，认识到主客观世界在互动过程中各因素之间深层次的联系、作用及变化才是产生与发展智能的本质。并力求在对这些互动作用的动态性及复杂性的认识和把握中获得智能并增长智能，是一种复杂性的认知与思维。

智能体方法从整体出发，在以问题层次化、模块化分割解析的基础上，对于问题进行从局域到全域、从同层次到跨层次并行不断地分解、重构与实例化，形成一种既有分析又有综合的多元整合求解机制，从而突破了旧有模式中只注重分析法的局限性。尤为值得一提的是，每个智能体都具有各自不同的知识背景（知识库）、心智品质、能力及个性，甚至具备诸如友善性、真诚性等人类特征，而且它的这些能力与特征都不是被设定为一成不变的,它可以随着情况的变化而不断地进行能动的自我更新。它是用能动的多样性超越被动的一般性,并在多样性的能动中,通过不断学习、逐步深化认识的方式突破传统方法所执着的一般性。

**(二)智能体的结构**

简单来看,软件智能体就是独立执行的程序,经常用多线程或者是类UNIX过程来实现,这些程序可以在预期或者非预期的环境中有自治的行为能力。智能体的能力可以有很多种,但是通常智能体都用某种专家知识来达到设计目的。在一个有多个智能体的系统的环境里还需要只能体之间互相通信的能力,即智能体应该表现出社会性。

区别软件智能体和普通程序的关键就是看它们和所处环境进行交互的能力。虽然事实上所有的分布式系统都可以视为单一的集中系统,但是这种方法忽视了一个事实,那就是在某些类型的环境中,信息和控制本质上就是分布在系统中的,这在通信系统中表现的尤其突出。

从这个意义上来说,智能体能够被嵌入一个系统中,用来执行适当程度的功能。智能体能够作为智能决策者、版权软件的包装器或者是简单的控制函数。这些种种不同可能性之间的相同点就是每个智能体能够自治的来达到其设计目标。从某种程度上来看,基于智能体的计算可以被看成是面向对象计算的一种自然延伸,并且有自己的目标,从而通过自治的控制自己的行为来达到目标。

1. 移动智能体

移动智能体包括两个概念:移动性和智能性。移动性为在不同的地点更改服务和用户配置文件提供了有用的机制，同时保护双方的隐私，更新的程序子集和服务可以被传输到另一方来进行整合。

2.多智能体系统

单个智能体的社会性和与其他智能体交互的能力意味着许多系统可以被看成是多智能体系统。要使智能体能够互相通信；则其必须拥有通过某种智能体通信语言来进行沟通的能力。同样的，要使智能体能够和其他的智能体合作或者协调活动，就需要智能体是具有社会性的。无论是出于自身利益或者竞争，还是因为系统被设计来完成一个终极任务，都需要智能体能够协调工作。

多智能体系统可以采取一系列的复杂方法来实现服务和用户参数选择。智能体可以采取各种策略来实现成组的服务和用户之间的合作、协调、控制和一致性。

**(三)智能体技术**

智能体的实现技术涉及到现有的智能体标准，实现开放式和专用多智能体系统的通信语言和工具软件。

1.智能体标准

目前存在两种智能体标准：智能物理智能体基金(FIPA)和对象管理组织的移动智能体互操作基金(MASIF)。FIPA是一个非盈利组织，建于1996年，致力于在基于智能体的应用中能够最大化互操作性能的通用智能体标准的制定。

2.智能体通信语言

早在智能体标准被制定前，就有人定义智能体之间的通信语言来使得智能体在一个专门的系统或开放的系统中能够交换信息。任何通信行为都包括如下三个方面:消息传递方法,被传输的信息的格式或者语言和被传输信息的意义或者语义学。

3.智能体开发工具

为了使智能体能够达到其预期目的,必须有被广泛接受的开发工具,以支持足够的冗余。这些工具必须应该强调用户的需求,并能够遵从于多智能体互操作性的标准。目前,大多数开发工具都还处在由政府资助的实验室研究阶段,它们能够做到的就是进行概念演示和应用于十分特定的新一代通信服务中,而不是应用于大规模的商务应用中。

要使智能体开发软件能够真正的走出实验室,成为主流应用,必须做到提供合适的抽象和接口,与工业标准相符,并能够生成被嵌入无智能体软件结构中的软件①。

## 二、基于网络控制的移动智能体

Internet作为信息资讯的巨大载体,为信息搜索提供了方便。但是网络空间的无序性使得人们不能高效、充分地使用现有的网络信息资源。如果仍然是简单的进行手工或者使用传统的Robot来进行信息搜集,常常不能满足人们的需要。

移动智能体的概念的提出,为有效地解决当前网络中信息搜索的许多问题提供了一种有效的途径。移动智能体作为综合网络和人工智能的一项新技术,它的智能性、移动性和跨平台运行等特性,使得网络在逻辑上可以看作是一个巨大的信息体,同时它也符合现在的软件的个性化的发展趋势和开放性系统的要求。

①王耀南,孙炜. 智能控制理论及应用[M]. 北京:机械工业出版社,2008.

1.移动智能体的概念

随着网络的发展,特别是信息搜索、分布式计算以及电子商务的蓬勃发展,人们对于提供的服务已经不仅仅满足于在本地计算机上找到答案,希望将整个网络虚拟成为一个整体,使智能体在整个网络中自由的移动,这便产生了移动智能体。

移动智能体最初是General Magic为了商业应用而提出并第一个实现它的,由于移动智能体是刚刚提出不久的概念,因此对它的定义还没有一个统一标准,只能描述它的一些基本特征。

移动智能体必须具有一定的身份,并代表用户的意愿;移动智能体必须可以自主地从一个节点移动到另一个节点,这是移动智能体最基本的特征,也是移动智能体区别于其他智能体的标志;移动智能体必须保持在不同的地址空间中连续运行,即保持运行的连续性。

2.移动智能体的主要技术

移动智能体作为跨平台技术的重要代表,对于Internet信息搜索有特别重要的意义,以往基于Robot的信息搜索的工作方式:Robot在Internet上将远方的WWW服务器上的信息下载到本地主机上进行分析,然后将有用的信息进行索引,而将大量与主体无关的信息抛弃,由于受到网络带宽以及主机的速度、容量的限制,查找的广度和深度有一定的局限。

移动智能体系统结构则可以将多个移动智能体移动到远方YAW服务器等信息提供者上面,并行地进行本地的信息分析,然后将真正是用户需要的索引信息通过网络传输回来。

(1)提高网络性能

以往的基于客户服务器模型(Client/Server)的网络连接结

构，常采用请求响应（Request/Reply）的应答模式，使网络的链接必须一直保持到这次的服务完成以后，才可以断开。相比之下，移动智能体只需要在传递代码、数据以及运行状态等信息时才要求网络的连接保持畅通，而对于占用大量时间在服务器上进行信息的过滤、搜索等操作时则不需要保持网络连接。这种情况下使得网络上信息的传递和信息的搜索工作截然分开，提高了网络流量，这样就使得软件对于网络可靠性、健壮性的要求大大降低了。

（2）减少网络流量

移动智能体的重要特征是可以在网络上的各个节点之间按照一定的规则自由移动，其实质是移动智能体的控制流在各个节点之间为了寻找最佳的解决方案而在各个节点之间自由移动。其中，每个节点既充当网络上信息提供者，又是移动智能体的服务器。特别对于信息搜索，移动智能体可以在节点上对将要查找的信息进行过滤、筛选等工作，然后把用户真正感兴趣的信息通过网络传送回来。而以往基于客户服务器模型的工作模式：先是毫无保留的把网络上的原始信息资源下载到本地主机上；然后，逐步分析、筛选、舍弃无用的信息，这样明显浪费了网络带宽，造成网络不应有的拥挤。

（3）提高搜索效率

由于用户可以创建多个移动智能体移动到远程不同的WWW服务器上，来协同完成用户提交的任务，实现了信息搜索的并行处理和网络计算机资源的共享，更重要的是提高了信息搜索的效率，在信息搜索的广度和深度方面都比传统的Robot模式有很大的提高。

3.移动智能体系统体系结构

移动智能体系统(MAMS)由两部分组成,移动智能体(MA)本体以及移动智能体的服务设施(MAF)。智能体是网络上自主移动的主体,它代表使用者实现在网络上移动计算、查找、协作等功能,用户可以通过MAF实现对智能体的直接控制。MAF是移动智能体系统的核心部分,提供移动智能体的各种功能支持,包括:创建、运行、挂起、终止智能体,传送、接收智能体,保护验证智能体等的工作,创造一个位置透明、便于控制、安全可靠的运行环境,最终实现移动智能体在网络上的自由移动。

## 三、分布式控制的多智能体

多智能体系统是分布式人工智能研究的一个重要分支,其目标是将大的复杂系统建造成小的、彼此相互通信及协调的、易于管理的系统。多智能体的研究涉及智能体的知识、目标、技能、规划以及如何使智能体协调行动解决问题等。多智能体技术已成为当今人工智能研究的热点之一。

### (一)多智能体技术

多智能体系统是由多个具有计算能力的智能体组成的集合,其中每个智能体是一个物理的或抽象的实体,能作用于自身和环境,并与其他智能体通信。多智能体技术是人工智能技术的一次质的飞跃。首先,通过智能体之间的通信,可以开发新的规划或求解方法,用以处理不完全、不确定的知识;其次,通过智能体之间的协作,不仅改善了每个智能体的基本能力,而且可从智能体的交互中进一步理解社会行为;最后,可以用模块化风格来组织系统。如果说模拟人是单智能体的目标，那么模拟人类社会则是多智能体系统的最终目标。多智能体技术具有自主性、分布性、协调性，并具有自组织能力、学习能力和推理能力。采用多智能体系统解决实际应用问题，具有很强的鲁棒性和可靠性，并具有较高的问题求解效率。多智能体技术打破了目前知识工程领域仅使用一个专家的限制，因而可完成大的复杂系统的作业任务。多智能体技术在表达实际系统时，通过各智能体间的通信、合作、互解、协调、调度、管理及控制来表达系统的结构、功能及行为特性。多智能体技术在各个领域的应用主要表现在几个方面。

1.智能机器人

目前，美国、英国、法国和澳大利亚等国家都在从事该方向的研究。在智能机器人中，信息集成和协调是一项关键性技术，它直接关系到机器人的性能和智能化程度。各子系统是相互依赖、互为条件的，它们需要共享信息、相互协调，才能有效地完成总体任务，其目标是用来结合、协调、集成智能机器人系统的各种关键技术及功能子系统，使之成为一个整体以执行各种自主任务。

莱恩（Lane）等设计了单个机器人的多智能体系统，采用实时黑板智能体作为框架的核心，实现了分布式黑板结构，并采用分布式问题求解、实时知识库及实时推理技术，以提高机器人的实时响应速度，该机器人已成功地应用于自主式水下车辆的声呐信号解释。在多机器人系统中，当多个机器人同时从事同一项或多项工作时，很容易出现冲突。

2.交通控制

由于交通控制拓扑结构的分布式特性，使其很适合于应用多智能体技术,尤其对于具有剧烈变化的交通情况,多智能体的分布式处理和协调技术更为适合。以城市交通控制系统为例,博梅斯特(Burmeister)等提出了未来汽车多智能体联运系统;Findler给出了交通网络的分级结构;Adorni等给出了汽车行驶路径规划的方法。多智能体技术应用于其他交通控制系统,主要有飞行交通控制(ATC)铁路交通控制(RTC)和海洋交通控制(MTC)。

以汽车行驶路径规划为例,乔瓦尼(Giovanni)等提出一个分布式路径指导多智能体系统,该系统利用多智能体的协调技术,将交通图知识库中的信息与路径边界搜索算法相结合,建立一个局部世界描述机制,通过无线电获取信息,激活系统重新规划路径,并提出一个获得最短路径的规划算法,从而产生汽车行驶的最佳轨迹。

3.柔性制造

多智能体技术可为解决动态问题的复杂性和不确定性提供新的思路。如在制造系统中,各加工单元可看作智能体,从而使加工过程构成一个半自治的多智能体制造系统,完成单元内加工任务的监督和控制。多智能体技术可用于制造系统的调度。拉莫斯(Ramos)建立了制造系统的动态调度协议,采用两类智能体分别完成任务安排和资源管理,通过智能体间的交互来解决生产任务的调度,采用合同网协议来处理调度过程中时间上的约束,使系统能处理诸如设备故障等不确定性引起的实时调度问题。

多智能体技术可用于制造过程中的分布式控制,例如用于离散制造环境的分布式控制系统(YAMS)是为实现柔性制造而建立的工厂控制系统。系统为递阶结构,分为两层:上层为加工车间,下层为加工站。加工车间的智能体在上层做出调度计划,下层各个不同加工站的智能体执行调度计划。系统中包括多种调度策略,分为两类:一类是静态的,在系统运行前从全局上进行智能体的任务分配,称为全局调度器;另一类是动态的,在系统运行中对各智能体做出局部决策,称为局部调度器。

复杂制造系统的集成属于大型而复杂的分布式系统。杰夫(Jeff)提出采用多智能体技术建立制造企业集成的计算机基础结构,将复杂的企业活动划分成多组元任务,每一个组元任务由一个智能体执行。将人的行为看作一类智能体,采用多媒体界面,通过大量智能体的交互,实现企业中地域分散的各生产部门知识的共享与协调,用人机、机机的交互式协调进行复杂问题的求解,完成企业中各项功能的集成。

4.控制

Sahasra budhe建立了一个多智能体控制系统框架,该框架包括三层:最底层为控制层,具有实时控制能力:中间层为管理层:最上层为多智能体协调与通信层。该框架可解决航行器机翼的伺服控制问题,框架内每个智能体负责各自的控制任务。

# 第四节 网络环境下智能控制的信息安全与可靠性技术

## 一、智能控制可靠性理论

### (一)控制系统识别和状态估计理论

系统识别是自动控制学科的重要分支,它所研究的基本问题是如何通过运行或试验数据来建立控制对象的数学模型。目前,这项技术无论在理论研究或实际应用上都正处于兴旺发展时期。

众所周知,在实现工业装置或生产过程的自动控制工况预报以及产品的动态性能试验研究工作中,第一步要解决的问题就是如何用恰当的数学模型描述被控或被试对象的动态特性。所谓动态是指对象的工况相对于某一静平衡点发生变化时的运动状态。因此,描述动态特性的数学模型一般是以微分方程和差分方程或它们的特定解答为基本形式。显然,控制或试验的精度要求越高,对所用数学模型的精度要求也越高。

简单地说,现代系统识别问题是指从特定的一类模型中选出一个与被控对象输入、输出实测数据拟合最好的模型,一般需从如下三方面考虑。

1.系统的模型种类繁多,为了减少辨识的工作量,必须尽量缩小模型的选择范围

为此,上述“特定的一类模型”应充分反映出关于被控对象已掌握到的一些基本特征,模型的表达形式应便于控制中应用。

2.“输入输出实测数据”是辨识工作的基础

对于动态模型辨识来说,最有用的是本身包含有扰动的输入和相应的输出记录数据,而不是两者的稳态值。当正常运行条件下的输入不包含有足以持久激发被控系统动态行为的自然扰动因素时,必须另作试验设计,施加恰当的人工扰动输入。

3.在工业生产现场通过测量仪表或传感器获取的输入、输出数据，不可避免地会带有观测噪声

因而，不可能找到一个与这些数据完全拟合的确定性模型，而只可能找到一个“拟合得最好的模型”。为此，除了在设计试验方案时，应当尽量考虑到减小观测噪声对模型辨识结果造成的不良影响外，在数据处理时，还应选取能够恰当反映拟合误差大小的损失函数$J$，并以$J$取极小值作为拟合得最好的判别准则。

状态估计一般依赖于过程的数学模型，准确的数学模型决定了状态估计的精度。对于机理复杂工况变化较大的过程，状态估计的精度差，因而实用价值不大。

针对不同的具体问题研究开发了一些非线性系统状态估计器。主要包括三类：①扩展卡尔曼估计器(EKF)。它基于对非线性系统的线形近似，具有可同时对模型参数和状态变量进行估计的优势。②开环非线性状态估计器。此类中的全维状态估计器适用于任何稳态操作点及其附近的非线性过程，而降维状态估计器能适用于非稳态的非线性系统，它们的主要缺点在于状态估计器误差的衰减速率无法调整，并受到过程自身的控制。③闭环非线性状态估计器。如扩展Luenbmp状态估计器和高增益状态估计器，它与开环非线性状态估计器一样，它与前者相比的优势在于可对估计器误差的衰减速率进行调控，且可直接通过分析证明估计器误差的动态特性是否具有全局渐进稳定性。

状态估计技术建立在对过程机理深入理解的基础上，状态估计方法的可靠性取决于数学模型的可靠性和直接测量变量

的可靠性。

像智能控制过程这一类机理复杂工况变化比较大,数学模型不准确,设法改善状态估计方法,提高估计精度是非常必要的。

由于各种模型考虑角度不同,所突出的主要因素和忽略的次要因素也有区别。同时使用多种模型对工业控制过程进行状态估计,对得到的多个估计结果用一个优选专家系统进行优选,选择一个最合理的估计值作为最终的估计结果。如果智能优选系统每次选出的估计结果是几个模型估计结果中最好的,那么就能够保证整个过程的估计精度高于每个单一模型估计的精度①。

**(二)容错与冗余控制理论**

1.容错与冗余控制的概念

容错控制的概念是1986年9月由美国国家科学基金会和美国电气和电子工程师学会(IEEE)控制系统学会共同在美国加州桑塔卡拉拉大学举行的控制界专题讨论会的报告中正式提出的,现已成为近年来控制理论应用研究中的一大热点。容错原是计算机系统设计技术中的一个概念,容错是容忍故障的简称。容错的指导思想是:一个控制系统迟早会发生故障,而且这种故障可能会对系统的稳定性及性能有很大的影响,我们必须采取相应合理的措施,以换取更高的非常规设计所能达到的“超可靠性”,在软硬件设计上保证系统能忍受错误或故障而不会引起总的系统故障。

---

①葛宝明,林飞,李国国. 先进控制理论及其应用[M]. 北京:机械工业出版社,2007.

容错技术又可称故障屏蔽技术，它的实现主要靠各种冗余技术，使系统对个别故障自我屏蔽而达到容错的目的。容错控制的设计方法有“硬件冗余”方法和与之相对应的“软件冗余”方法。

软件冗余方法主要是利用系统中不同部件在功能上的冗余性，来提高整个控制系统的冗余度，从而改善系统的容错性能。

控制系统的容错控制方法以大量的在线计算为基础，保证系统在正常条件和故障发生后的特征值或特征向量尽可能接近或系统保持稳定来修正控制律。

冗余控制就是在控制系统中增加备用关键设备，一旦工作系统发生故障，控制系统以最快速度启动备用设备，从而维持系统的正常工作。在冗余控制系统中的备用设备称为备份单元，通常有双备份，三备份和多备份等。

2.容错控制的主要方法

(1)经典容错控制

经典容错控制可分为被动容错控制和主动容错控制。被动容错控制大致可分成可靠镇定、完整性问题与联立镇定三种类型。

可靠镇定实际上是关于控制器的容错问题。针对单个被控对象，当采用两个补偿器时，存在可靠镇定解的充要条件是被控对象是可镇定的。

完整性问题也称作完整性控制，一直是被动容错控制中的热点研究问题。此问题有很高的应用价值，这是因为控制系统中传感器是最容易发生故障的部件。此问题研究的一般都是MIMO线性定常系统。主要问题是对高维系统缺乏有效的综合方法。执行器断路故障的完整性问题的求解方法的特点是可以在实现完整性的同时,在执行器的各种故障下,都可以将系统的闭环极点配置在预定的区域内。

联立镇定有两个主要作用:其一,当被控对象发生故障时,可以使其仍然保持稳定,具有容错控制的功能;其二,对非线性对象,经常采用线性控制方法在某一工作点上对其进行控制。当工作点变动时,对应的线性模型也会发生变化。

主动容错控制在故障发生后需要调整控制器的参数,也可能需要改变控制器的结构。多数主动容错控制需要故障检测与诊断FDD子系统,少部分不需要FDD子系统,但需要已知各种故障的先验知识。主动容错控制这一概念正是来源于需要对发生的故障进行主动处理这一事实。主动容错控制可分为控制律重新调度、控制律重构设计和模型跟随重组控制三大类。

控制律重新调度是一类最简单的也是最近几年才发展起来的主动容错控制方法。其基本思想是离线计算出各种故障下所需的合适的控制律的增益参数,并列表存储在计算机中。当基于在线FDD技术得到了最新的故障信息后,就可以挑选出一个合适的增益参数,得到容错控制律。显然,采用实时专家系统进行增益调度将会产生很好的效果。

控制律重构设计是在FDD单元确诊故障后,在线重组或重构控制律。这是一个目前很受关注的研究方向。一般可采用一种基于实时专家系统的容错监督控制方法。其基本思想是采用基于影响图的实时专家系统监督系统的运行,系统正常运行时,采用模型参考学习自适应控制律,以提高控制精度。

模型跟随重组控制的基本原理:采用模型参考自适应控制的思想,使被控过程的输出始终自适应地跟踪参考模型的输出,而不管是否发生了故障。当发生故障后,实际被控过程会随之发生变动,控制律就会相应地自适应地进行重组,保持被控对象参考模型输出的跟踪。可以看出,这类容错控制是采用隐含的方法来处理故障的。

(2)鲁棒容错控制

不管是主动容错控制,还是被动容错控制,都需要具有关于模型不确定性与外界扰动的鲁棒性,这是容错控制可以应用于实际系统的重要前提之一。被动容错控制的核心就是鲁棒性,以使闭环系统对各类故障不敏感。目前主动容错控制面临的两个具有挑战的典型问题: ①基本控制器应具有鲁棒性,在控制律重构期间使系统保持稳定。②FDD单元应具有鲁棒性,以减少误报与漏报,减少故障检测时间。

针对连续线性定常系统的传感器失效故障,采用Lyapunov方法可以给出一种具有关于模型不确定行鲁棒性的完整性控制器存在的充分条件,并给出控制器的设计方法。

(3)非线性系统集成故障诊断与容错控制

由于被动容错控制均不采用FDD技术,因此,也就不能提供系统的故障信息。另外,在发生故障后,与系统正常运行时相比,被动容错控制系统的性能会有所下降。

## 二、网络环境下控制的可靠性技术

在基于Internet的远程监控、诊断与维护系统中,远程诊断与远程维护服务中的安全可靠性需求可以分为:①数据的保密性。用于防止非法用户进入系统及合法用户对系统资源的非法使用;通过对一些敏感的数据文件进行加密来保护系统之间的数据交换,防止除接收方之外的第三方截获数据,即使获取文件也无法得到其内容。②数据的完整性。防止非法用户对进行交换的数据进行无意或恶意的修改、插入,防止交换的数据丢失等。数据的不可否认性对数据和信息的来源进行验证,以确保数据由合法的用户发出;防止数据发送方在发出数据后又加以否认;同时防止接收方在收到数据后又否认曾收到过此数据及篡改数据。③数据的公正性。用具有独立法律地位的认证机构或合同确认服务双方职责和义务。

近年来,伴随着互联网用户数量的爆炸性增长,基于TCP/IP网络的关键业务应用越来越多,但TCP/IP技术在成为构筑网络应用主流技术的同时,其与生俱来的简单和开放的本质特征并没有得到根本性的改变,这就为信息安全问题的出现留下了隐患。

在众多的网络安全问题之中,对企业影响最大的要数网络传送安全威胁。所谓安全威胁,就是未经授权,对服务器、网络和桌面的数据和资源进行访问,甚至破坏或者篡改这些数据资源。从安全威胁的对象来看,安全威胁可以分为网络传送过程、网络服务过程和软件应用过程威胁三类。

因此,保证传送的安全问题就成了企业急需要解决的问题。目前,为了实现安全传送,业界主要采用"按组网需求加密"的方法,保证合法用户在网络上传送信息的隐秘性和完整性。这些方法主要有:利用IPSec协议族为Ipv4提供位于网络层的、端到端的传送安全保证;在传输层和应用层对敏感信息有选择性的进行加密和签名;利用PGP协议进行信息加密等。

### (一)TCP/IP安全可靠性分析

TCP/IP协议作为一个协议簇,它提供了强大的互联能力。在底层可在不同的设备上实现互联。在高层支持诸如FTP、Telnet、HTTP、SMTP等标准应用协议,这些协议在安全性上存在很多问题,这使得基于TCP/IP的应用服务的可靠性大打折扣。这些问题包括以下三个方面。

(1)EP源地址欺骗

IP欺骗是网络黑客攻击系统的一种最常用手段之一,它常常是其他攻击方法的基础。由于TCP/IP协议中,唯一标识某台主机的是IP地址,而不是主机名。然而,这些IP地址本身无法与某网络接口绑定,也就是说IP地址不是固定的,可以被任何人任意修改。

IP地址欺骗分为两种:一种是外部地址欺骗,一种是内部源地址欺骗。在外部源地址欺骗中,一种情况是外部用户冒充内部用户。

在这种情况下,要鉴别是否是地址欺骗就不直观了,还得通过其他手段加以认证。

除了外部源IP地址欺骗,还有内部的IP源地址欺骗,即是内部网络用户互相冒充,这种情况,也需要通过用户认证才能识别。

IP的这一安全隐患常常会使TCP/IP网络遭受两类攻击。最常见的一类是Denial-of-Service(DOS)攻击,即服务拒绝攻击。DOS攻击是指攻击者通过网络向被攻击主机发送特定的数据包,而使被攻击主机陷于不能继续提供网络服务的状态。

这一IP本身的缺陷造成的安全隐患目前是无法从根本上消除的。只能采取一些弥补措施来使其造成的危害减少到最小的程度。防御这种攻击的最理想的方法是:每一个连接局域网的网关或路由器在决定是否允许外部的IP数据包进入局域网之前,先对来自外部的IP数据包进行检验。如果该EP包的IP源地址是其要进入的局域网内的IP地址,该IP包就被网关或路由器拒绝,不允许进入该局域网。如果该IP包的IP源地址不是其所在局域网内部的EP地址,该IP包就被网关或路由器拒绝,不允许该包离开局域网。如果每一个网关路由器都做到了这一点,IP源地址欺骗将基本上无法奏效。

(2)TCP/IP序号袭击

TCP序号袭击是TCP协议安全问题中较为凶狠的问题。TCP序号袭击是基于每次建立TCP连接时所用的三步交接顺序基础之上的。必须承认利用上述的IP地址欺骗方法就可以将伪造的EP数据分组从外部发送到内部计算机系统之上。

(3)口令文件的脆弱性

TCP/IP协议是一个完全开放的平台,它只能识别IP地址,而不能对网络用户进行有效的身份认证。因此,各个网络服务器无法鉴别登录用户的身份有效性。为了做到安全,大多数身份验证仅能靠服务器操作系统平台提供一些用户控制和权限审查机制。在Unix操作系统中采用用户名和口令,虽然口令是密文存放在服务器上,但是由于口令是静止的,明文传输的,所以无法抵御重传、窃听,而且在Unix系统中常常将加密后的口令文件存放在一个普通用户就可以读的文件里，攻击者也可以运行已准备好的口令破译程序来破译口令，对系统进行攻击。

**（二）网络安全控制的关键技术**

1. 安全身份识别

对网络使用者的身份进行识别，并据此对用户使用网络的权限进行相应的授权，是保证网络安全的第一步。

用户的身份可以由多种方式来进行鉴权，传统的（用户名、口令）组合的方式是目前应用最为广泛的一种，而SIM卡、指纹机等方式也为用户提供了更加安全的替代方式。根据用户的鉴权结果，给与其相应的网络资源访问授权，这种对应关系叫作访问策略。用户使用网络的合法性、时间长度限制、时间范围、服务保证、网络服务端口范围等都可以在网络访问策略中加以定义，并在具体的网络节点中加以实施。

2. 安全传送

保证合法用户在网络上传送信息的隐秘性和完整性是非常必要的，这也是网络信息量发展的基础。目前根据不同的组网需求，信息的安全传送可以放在不同的网络层次来实现。

IPSec协议族为Ipv4提供了位于网络层的、端到端的传送安全保证。它通过两个基本协议实现，其中由验证报头协议（AH）提供了源地址验证和数据完整性检验，但不保证数据隐密性；而安全净荷封装协议（ESP）则提供了数据加密、主机验证和数据完整性检验，可以用来保证数据的隐密性。

在网络层通过IPSec实现安全传送可以简化应用层对信息加密的操作，但是也会使得系统整体性能下降，并且在具体实施过程中会带来较高的成本。因此,在传输层和应用层对敏感信息有选择性的进行加密和签名,也是实现信息安全传送的另一个选择。

3.安全防御

安全防御通过防火墙来实现,它可以在内外部之间建立一道屏障,是实现安全防御的必要手段。和网络分层模型相对应,防火墙也可以在不同的网络层次上加以实现。

位于网络层的防火墙通常实现了报文过滤的功能,它根据IP报文的五元组以及TCP/UDP等报文头中的标志位建立过滤规则。

电路中继防火墙工作在传输层,这种防火墙针对每一个TCP或者UDP的会话进行识别和过滤,在每一个会话建立的过程中,除过检查传统的过滤规则之外,还要求发起会话的客户端给防火墙发送一组用户名和口令,只有通过防火墙验证的用户名才被允许最终建立会话,会话一旦建立后,该会话的其他报文流可以不加检验的直接穿透防火墙。

4.安全监控

防火墙是处于网络边界的设备,也存在自身的一些弱点,如对某些攻击保护很软弱且自身可能被攻破;同时,并不是所有的攻击都来自外部,防火墙对这些内部发起的攻击行为则无能为力。

入侵检测设备识别行为终点是内部系统网络和数据资源的可疑行为,并对这些行为做出反应。此外防御技术的另一个重要补充就是入侵检测系统,它既针对外部网络,也针对内部网络,全面地起到了不同的作用。

# 第六章 智能控制系统的实践创新

## 第一节 被控对象的实践技术

### 一、被控对象的概念

智能工业控制系统中，需要控制工艺参数的生产设备，就叫被控对象，简称对象，如工业生产中的锅炉机组、化工设备、发动机等，都是被控对象。

在被控对象中进行的工艺过程，在一般情况下，可以用几个被调量来表征，如锅炉机组的被调量是蒸汽压力、温度和汽包中的水位等。为了维持被调量在给定值上，就必须动作相应的执行机构。

一般工业设备是一个具有若干个被调量的复杂的被控对象，可以将此划分成几个简单的对象，最简单的基本被控对象，只有一个被调量，只有一个执行机构。被调量称为对象的"输出量"，出现输出量的地方称为对象的"输出端"，影响被调量的因素有执行机构的控制作用，还有外来的扰动作用，两者都称为对象的"输入量"，施加输入量的地方称为对象的"输入端"。

## (一)被控对象的控制

在智能控制系统中,可以自动控制连续进行的工艺过程,其特点在于,所完成的操作特性完全决定于被控对象在该瞬间的状况,在这种系统中,对象与自动化工具是相互作用、构成回路的。

为了保证产品的质量和数量,生产应在规定的工艺过程条件下进行,同时过程中各物理参数每时每刻均应该保持给定的数值,因而应对工艺过程进行调节。

由于外部的干扰,使工艺过程的参数值发生改变。为了消除干扰的影响,须对工艺过程参数施加作用,并使工艺过程参数趋向给定值,这样的控制过程称为工艺过程调节。

被调节工艺过程的质量参数,也就是表示过程进行的最适宜条件和要求保持给定值的物理参数,称为调节参数。

被调节工艺过程在其中进行的工艺设备,这些设备在智能控制系统中需要调节工艺参数的生产设备称被控对象简称对象。

控制过程有两种方式:①手动调节。由人直接来完成控制所需的一切动作。②自动调节。控制所需的一切动作没有人直接参加,而由运控和装置去执行,这些运控装置又称执行机构。

假如任何一个参数根据物理定律,自身能保持一定的数值,在这种情况下便不存在调节问题。以取高温高压染槽为例,来比较手动与自动的调节方式。让我们来研究一下高温高压染槽的温度手动调节问题。如染槽1(调节对象)所用蒸汽由6供给,而由阀5调节蒸汽的供应量。热电偶感受元件2感受槽1的温度,测量仪表3感受热电偶的热电势而指示槽温,此温度与槽内蒸汽发生的热量和消耗于加热的热量之差有关。若热量差为零则槽温不变,如热量差不等于零,则视供热量大还是耗热量大的不同,而使槽温相应的升高或降低。

人应该对槽1的温度进行手动调节,按指示仪表上温度的变化,稍稍打开或稍稍关阀门5,完成全部控制槽内工艺过程的工作。

实现自动调节可以消除人直接参与调节过程的工作,而调节对象的工艺过程的控制由自动调节器来执行①。

自动调节的任务在于自动地具有一定准确度地维持表征生产过程的物理参数给定值,亦即维持调节参数的给定值。

自动调节器应该包括执行调节过程所需的一切功能的元件,代替手动调节时人所能完成的那些工作。

感受元件(热电偶)把槽的温度变为热电势输入计算机,在计算机内进行与给定值的比较,并依据偏差值信号作用到调节阀上,使阀门作相应的位移,消除偏差值。

自动调节是借助于自动控制器,在感受了某些偏差以后,自动加在各种机器、设备或在设备中进行着的过程上的作用,其目的在于消除这些偏差。

**(二)自动控制分类**

1.定值调节

定值调节是指被调参数的给定值在调节过程中基本保持不变,一般智能控制多属定值调节,其偏差是由于负荷改变,使被调节参数对给定值发生偏差。例如,染槽温度控制中要保持染槽温度在某一温度值,由于种种原因造成槽温降低,这时计算机产生控制信号,控制执行机构,增大蒸汽节门开度,增大进汽量以保持槽温在规定值上。

①黄法春. 自动控制的应用[J]. 建筑工程技术与设计,2018,(6):3870.

2.定序调节

定序调节的给定值既不是固定不变的,也不是随机变化的,而是根据工艺过程的需要按照预先制订的规律而变化着,要求被调参数以一定的精度跟随给定值而变化。被调节参数随着给定值而改变,以达到定序调节的目的。这种调节在化工、染色等工艺工程中很重要。

3.随动调节

随动调节是指被调参数的给定值是经常变化着的,而且没有一定的规律,要求被调参数能以一定的精度跟随给定值的变化而变化。偏差主要是由于给定值时刻在变动而产生的,被调参数和给定值的偏差就使计标机对控制对象发生作用,以使偏差消失。如雷达的搜索,武器的自动瞄准等都属于随动调节。

**(三)自动调节系统的组成**

不管哪一类的自动调节,为完成调节任务均相应地组成一个闭合循环回路。

瞬时测量出来的值和给定值比较,并根据此差值使自动调节器作用于调节机构,而引起输入调节对象中的能量或物质的改变,结果使参数偏差值减到最小的许可值,这个系统我们称它为自动调节系统。

**(四)被控对象的被调参数的概念**

被调参数:在智能控制系统的被控对象中所需要控制一定数值的工艺参数叫被调参数。

给定值:工艺上希望被控参数所保持的数值称为给定值。

干扰(扰动):一切引起被调参数偏离给定值的因素统称为干扰或扰动。

调节参数：用来克服干扰对被调参数的影响，实现调节作用的参数叫调节参数。

## 二、被控对象的特性

智能控制系统的控制质量与组成系统的每一个环节的特性和作用都有关系，特别是被控对象的特性对控制质量的影响很大，只有充分了解被控对象的特性，才能结合工艺对控制质量的要求确定合理的控制方案。

所谓对象的特性，指的是对象受到干扰作用后，被控参数是如何变化的，也就是研究输入发生变化时，输出如何变化的问题。

在自动调节时，被调节参数是否能够回到给定值，是否能够得到满意的调节质量，决定于调节对象的特征，只有在分析对象以后才有可能合理地选用计算机的类型及其调整参量，否则成为无的放矢了。

对象中影响调节过程的基本性质有下列几个：负荷，容量及容量系数，自衡系数，敏感度及滞后时间。

### （一）调节对象的负荷

对象的负荷就是对象中被控制的工艺过程处于稳定状态条件下，为了生产的目的而在单位时间内输入对象或者自对象引出的物料量或能量。对象的负荷有时叫作对象的生产能力或通过能力。

了解到负荷的大小，使我们能够正确选择计算机的类型及其调整参数，执行机构的能力必须与对象负荷相适应。

除了负荷在数量方面的变化，其变化的性质如何也很重要，负荷增大或减小得愈急剧，调节参数变化得也愈快，对调节来说是不利的。最不利的情况是当对象中能量或物质的输入量和输出量的平衡遭遇突然的破坏，亦即发生所谓“瞬间扰动”时。在理论计算中，常取阶跃形式的扰动来分析。

**（二）被控对象的容量及容量系数**

被控对象具有不同程度的蓄积能量或蓄积物料的能力。这种蓄积的可能性是由于在对象中存在某种阻力，阻碍能量或物质从对象中流出。例如，在容器中输出管路上的阀门。

被控对象能蓄积或多或少的能量及物料的性质称为容量。

**（三）被控对象的敏感度**

容量系数表示在平衡破坏时容量改变与被调节参数间静态关系，只是考虑变化了多少，尚没有考虑变化的快慢如何，而变化快慢对调节也有很大的影响，它由被控对象的敏感度来决定。

为了鉴定调节对象，必须知道负荷改变时，调节参数的变化情况，通常用对象的敏感度或称反应速度来表示。

所为敏感度，就是对象在最大扰动情况下参数变化的速度。被调节参数的变化速度与扰动作用量和作用性质都有关系，在其他条件相同的情况下，输入调节对象和由调节对象中输出的能量或物料量之间的差值变化愈大和愈急列则被调节的参数的增长或减小也愈快。

一般来讲，对象的容量系数较大时，敏感度往往较低，在具有较大敏感度的调节对象中，即物料或能量的输入量与输出量之间的平衡遭到很轻的破坏，被调节的参数值也会发生很快的变化，相反，容量系数较小的对象中，很大的扰动作用也只能引起调节参数很慢的变化。

通常采用反应速度(敏感度)的倒数,即称为调节对象的反应时间来代替反应速度。反应时间就是当扰动作用相当于负荷从零急速地变化到最大时,被调节的参数保持其开始变化速度,从零变化到规定值所需要的时间。反应时间(反应速度)可以从试验中求得,对简单的对象也可以用计算方法求出。

## 第二节 实时数据采集系统

在智能控制系统中,为了有效地进行智能控制,需要对被控对象中的温度、流量、压力等参数进行实时数据采集。这是通过相应的测量仪表完成的,各种测量仪表是智能控制系统的“眼睛”。如果没有可靠的仪表来真实地反映工艺过程的变化情况,是很难使生产正常进行的。

### 一、基本概念

1. 测量的定义

测量是用实验方法来决定待测物理量与所选用的测量单位之间比值的工作过程。用数学式来表示,即Y=AX;式中,Y为被测物理量,A为测量值,即被测物理量和所选单位的比值,X为测量单位。

在测量方式上,一般可以分为三类:

(1)直接测量凡是根据实验数据,可以直接得出测量结果的测量方式都属于直接测量。用数学式表示,即$Y=X$,式中,$Y$是被测量值,$X$为测量结果。

(2)间接测量从一些直接测量的结果,再通过一定函数关系的运算,而求出测量结果的测量方式,称为间接测量。如在流量测量中根据节流装置中的压力降来求算出流量,便是间接测量。

(3)联立测量用一种或多种数值的多次测量结果,通过解联立方程式的办法以求得测量结果的测量方式,称为联立测量(又称组合测量)。

2.误差

测量是一种实验性的工作过程,在测量过程中由于所使用的测量工具本身的不准确、外力的影响、观测者的主观性以及周围环境的影响等原因,使测量结果不可能绝对正确,我们把被测量的指示值和其实际值的差值称为误差。

(1)按测量误差的特性来分,有三种类型:系统误差、粗误差和偶然误差

系统误差包括附加误差,由仪表本身不准确或受周围环境影响而引起的测量误差;方法误差,由测量方法不正确所引起的测量误差。这种误差出现的方向、大小都有一定的规律,可以从测量结果中把它消除或减少。粗误差由于测量者主观性错误造成的,如刻度用错了,读数时看错了数值等。这种误差必须从测量结果中除去。偶然误差由一些事先不知道的因素所引起的,这种误差出现的方向、大小从每一次的测量值来看,它是没有任何规律的,但是,从大量的结果来看,它是服从于或然率规律的。

(2)从衡量仪表的精确度的观点出发,测量误差又可分为绝对误差、相对误差和引用相对误差

1)绝对误差:测量值和真实值之间的差值,可表示为:

$$\delta = A - A_0$$

式中，$A$ 为测量值，$A_0$ 为真实值，$\delta$ 为绝对误差。

2)相对误差：测量的绝对误差 $\delta$ 和真实值A之比，即：

$$r=\frac{\delta}{A_0}=\frac{A-A_0}{A_0}$$

式中，$r$ 为相对误差。

3)引用相对误差：测量中最大的绝对值误差和仪表的测量范围之比。

3.技术指标

1)精确度表示仪表测量结果的可靠程度的。也可用下式表示：

$$r\%=\frac{\delta_0}{\mathrm{An}}\%$$

式中，An是仪表的测量范围，$\delta_0$ 是仪表测量时可能产生的最大绝对误差。

为了便于表示，习惯上去掉上式中的%，称之为该仪表的精确度等级。

2)灵敏度表示仪表指示装置的直线位移或角度位移，与造成该项位移的被测参数值变化量之间的比值。可用下式表示：

$$S=\frac{\Delta a}{\Delta A}$$

式中 $S$——仪表的灵敏度。

$\Delta a$——仪表指示装置的直线或角度位移。

$\Delta A$——被测量参数的变化。

3)恒定度表示仪表在相同的外界条件下工作的稳定程

度。恒定度是以仪表的变差来表示。变差是指在外界条件不变的情况下,对同一数值进行反复测量时,所产生的最大差值与仪表的测量范围之间的比值。

4)精度的百分误差表示法为了更好地反映仪表的精确度,实际上常采用相对百分误差来表示,其意义如下:

$$相对百分误差\delta=\pm\frac{绝对误差}{标尺上限值-标尺下限值}\times 100\%$$

必须注意:仪表的绝对误差,在测量范围内的各点是不同的。因此必须记住,我们说的“绝对误差”指的是绝对误差的最大值。

实际上,国家就是用仪表的相对百分误差的极限值作为精度等级(即去掉相对百分误差的±及%符号后的数值)。而且是指仪表在正常(也称标准)工作条件(例如周围介质的温度,湿度,振动,电源电压频率和磁场等)下的最大相对百分误差。

4.实时数据采集仪表的选用

各种不同的仪表,都有自己的特点和适用范围,使用时要根据不同情况做恰当的选择。如果仪表选得不当,不但达不到准确测量的目的,还可能造成严重事故。这里着重介绍压力计的选型问题,其选型的基本原则,不仅对压力计适用,对流量计、液面计、温度计等仪表也都适用①。

选择仪表时,要确定以下三个问题:测量仪表的量程范围;测量仪表的精度等级;测量仪表的类型。

①冯娜. 智能控制系统中下实时数据采集与处理系统设计与实现[J]. 通讯世界,2018(7):36-38.

(1)仪表量程范围的选择

仪表的量程范围,是根据所需要测量的参数大小来确定的。对于一般测量仪表,刻度标尺的上限值,只要稍大于所测参数的最大值即可,为了确保测量精度,被测参数的最小值一般不低于仪表量程的1/3。

对于弹性压力计,为了保证弹性元件在弹性变形的安全范围内可靠地工作,在选择弹性压力计量程时,国家计量部门有具体的规定:即测量缓慢变化的压力时,压力计的上限值应为被测最大压力的4/3倍;测量波动较大的压力时,压力计的上限值应为被测最大压力的3/2倍。根据这个规定算出上限值后,再在国家颁布的标准系列中选取一个等于或略大于的数,即为标尺上限值。

(2)仪表精度级的确定

仪表的精度级,是根据使用时所允许的最大误差来确定的。其计算方法见概述部分。精度级的数值越小,仪表的精度越高,测量误差越小,则测量结果越可靠。但不能认为选用的仪表精度越高越好,因为越精密的仪表,一般价格越贵,操作和维护越费事。因此,在满足使用要求的前提下,还应本着节约的原则,正确选定仪表的精度等级。

3.仪表类型的确定仪表类型的确定,是选择仪表的最终体现。

确定仪表类型时要考虑的因素很多,除被测参数的测量范围和测量精度外,还应考虑:①被测介质的物理化学性质:如温度高低、压力大小、黏度大小、污脏程度,是否有腐蚀性、易燃易爆性等。②工作要求:如是否要求远距离传示、自动记录、调节、报警;是分散安装还是集中检测等。③仪表的使用环境:如是否有高温、潮湿、振动、电磁场干扰等。

此外,还要考虑仪表的外形尺寸、排布整齐美观、便于安装便于读数、经济实用等问题。

## 二、智能实时数据采集系统

智能实时数据采集系统是智能控制系统必不可少的关键部分,所有的智能控制系统均需要先经过信息检测才能用来实现信息的转换、处理和控制,最终达到最佳控制目的。

1.组成

智能实时数据采集技术是现代信息技术的基础技术。智能实时数据采集系统设备一般由敏感元件、多路转换开关、放大器、采样保持器、A/D转换和接口电路组成。各部分电路作用说明如下。

(1)传感器检测被测点处的各种非电量参数,并将其转换为电信号。

(2)多路转换开关将多路模拟信号按要求分时输出。

(3)放大器将传感器输出的微弱电信号放大到A/D转换器所需要的电平。

(4)采样保持器,一是保证A/D转换过程中被转换的模拟量保持不变,以提高转换精度;二是可将多个相关的检测点在同一时刻的状态量保持下来,以供分时转换和处理,确保各检测量在时间上的一致性。

(5)A/D转换即模/数转换,将模拟信号转换为二进制数字量。

(6)接口电路提供模拟输入通道与计算机之间的控制信号和数据传送通路。

2.智能数据采集系统的优势

敏感元件是能直接感受被测量并以确定关系输出某一物理量的元件,转换元件可将敏感元件输出的非电物理量转换成电量。基本转换电路将转换元件产生的电量转换成便于测量的电信号,如电压、电流、频率等。

多传感器信息融合就是把分布在不同位量处于不同状态的多个同类或不同类型传感器所提供的局部不完整的测量加以综合,消除多传感器之间可能存在的冗余和矛盾,利用信息互补,以形成对系统环境相对完整一致的感知描述,反应的快速性和正确性,降低其决策风险。

多传感器是智能系统的硬件,多传感器信息融合技术就是智能系统的软件。使用多传感器系统和多信息融合技术的智能系统具有的优势。①容错功能当一个甚至几个传感器出现故障时,系统仍可以利用其他传感器获取环境信息,以维持系统的正常运行。②较高的精度传感器测量中,不可避免地存在各种噪声,而同时使用描述同一特征的多个参数,可以减小由测量不精确所引起的不确定性,显著提高系统的精度。③较完整的环境描述能力多传感器可以描述环境中多个不同特征,这些互补的特征信息可以形成对系统环境相对完整一致的感知描述,提高系统正确决策的能力。

3.采用统一信号

被控对象的参数(温度、压力、流量、液位等),通过测量元件(热出偶、铂电阻等)、一次变换器和转换器发出的信号接入计算机。

由于工业对象参数多,范围也不同,因此各种一次变换器输出信号大小均不相同,为了能用同一台装置测量由不同变换器所输入的信号,必须确定一个统一的输入信号,以此为依据来设计输入部分。

采用高的统一信号对提高大信号的测量精度有一定好处,采用低的统一信号能适应更多发送器,特别是发送器输出信号为低电平时的检测要求。但对大信号来说由于低的统一信号,必须进行衰减变换,这是不合算的。

采用统一电平的优点:①对一般热电偶在小信号传输中,幅度不会因统一信号而衰减。②对测量精度方面,减少了由于热电偶标变器的精度损失。③模数转换器中的寄存器选12位即可满足满量程4095的数码。

## 第三节 智能控制系统工程的安装

### 一、安装前的准备工作

#### (一)安装施工人员必须熟悉图纸资料

1)智能控制系统设计施工图。

2)各有关主体设备的施工图与技术资料。

3)各种安装元件的配制与安装设计施工图。

4)电缆与导管敷设线路的平面布置图与主要支架的制作图。

5)制造厂有关施工技术资料。

6)智能控制系统设备清册。

**(二)施工现场的准备**

施工现场应设有智能控制装置安装工程专用的施工工作间、施工工具房与设备材料保管室。施工工作间与设备材料保管室可并人施工工具房内。

施工工作间应尽量布置在靠近现场、便于施工的地点。工作间的布置应符合下列要求:①门窗严密、光线充足、房顶不漏雨水、屋内地面平坦。②具备容量为20KW左右的低压动力电源(四线制)。③具备瓦斯管敷设的清洁无腐蚀性的水源;水源处应设有水槽及排水沟道。④占地面积约为$50m^2$。⑤设有符合安全操作规程及数量上能满足施工需要的钳工桌、台钻、电动砂轮机、电动弯管器、小锯床、电焊机及电、火焊工具等。

施工工具房必须布置在施工工作间附近。工具房内应设有适当数量的工具箱与施工工具。

作为施工期间妥善保管各种配件、插座、阀门、管材、支座、电气材料及非精密性设备的设备材料保管间必须布置在施工工作间附近。室内应设置使用面积为5~10扩坚实牢固的木制2~3层的货架,货架最底层离地不得小于0.4m。最高层离地不得大于1.5m,层间间距和每层深度均应保持在0.5~0.6m。

5.工具房、工作间与保管室之间以及它们与现场运输公路间均应具有能够通行的平坦畅通的道路。

**(三)设备开箱、清点与保管**

1)开箱工作应会同甲、乙双方有关人员共同进行。

2)精密性设备的开箱工作,必须在温度为+5~+3590,相对湿度为30%~80%的清洁无尘的场所内进行。冬季温度低于-5℃时到达的上述设备必须在保温库内存放24小时后方准开箱。设备开箱应尽量在已布置妥的保温库内或其附近的场地上进行;开箱后,表计与各种精密设备应存放在保温库内,端子箱、插座、接头与各种对温、湿度无特殊要求的设备应存放在设备材料保管室内。

3)设备连箱搬运时,设备箱严禁倒放、侧放或受猛烈振动。开箱后的设备在搬运时,如需堆放,应在设备间垫以木板,其堆放层数不得大于二层。

4)开箱时必须使用合适的工具,如起钉器、撬棍等;先用起钉器拔出顶盖的全部铁钉,再用撬棍轻轻撬起顶盖,当确认已无抗劲时方准打开顶盖。

5)开箱后应按下列项目进行检查:①包装箱内衬物是否被损受潮,吸湿剂是否失效。②打开设备包装盒(纸),打开前应用皮老虎吹净盒外的尘土,检查设备外壳有无锈蚀、变形、脱漆与机械损伤等。③按供货清单设备的全部元件、零件、备件及技术资料是否齐全。当发现有异常情况时,应立刻进行设备的内部检查[①]。

6.设备开箱后应按其型号、规范、施工图位号进行登记、挂牌,并放置在货架上;仪表设备必须和其零件、安装备件成套地放置,不得分散。

7.设备如需进行较长期(6个月以上)的存放时,应恢复其原来包装办法后妥善保管。

8.高压阀门与高压配件等尚需进行光谱分析或化学分析,

①李梦洋.分析智能化楼宇自动化控制系统机电设备安装施工技术[J].工业B,2018(6):44.

分析后除应具备正式试验报告外,必须在设备上打一专用钢印并涂上规定色漆;此类设备必须存放在设备材料保管室内,应设有专人进行严格的分类保管,并建立台账和保管卡片。

## 二、信息传输系统的安装

### (一)电缆的安装

为了保障信息传输的可靠性,对现场总线系统的电缆敷设长度有限制,这些限制取决于电缆的类型、网络的拓扑结构和挂接设备的数量和类型。

1. 电缆总长度限制

所谓电缆总长度是指干线长度与支线长度之和。如果现场总线是由一条干路和三条支路所组成的。其中干路的长度为240 m,支路1、支路2和支路3的长度分别为80 m,120 m和40 m,则电缆总长度为480 m。

当电缆总长度或支线长度超出了限制条件时,应考虑改变网络的拓扑结构,更换电缆型号,缩短电缆的敷设路径,或采用中继器。

2. 屏蔽、接地与极性

现场总线可用的四种通信介质,其中C型电缆是无屏蔽电缆,一般应敷设在金属导管之中,金属导管自身起到屏蔽作用,不需要再考虑屏蔽的连接问题。面对于其他三种类型的电缆,则需要考虑,当使用屏蔽电缆时,要将各支线的屏蔽与干线的屏蔽连接在一起,最后集中于一点进行接地。

依据低速现场总线标准,整条电缆上只允许一点接地,接地线不能作为电源线使用。现场总线使用曼彻斯特双极性信号,每个位改变一次或两次极性。在非总线供电的网络中,只存在这种交变电压，但在总线供电网络中，信号电压是叠加在给设备供电的直流电压之上的。无论是哪一种情况，现场总线接收电路只关心交变电压，正负跃变的电压代表完全不同的意义，因此，现场总线信号是有极性的。如果现场总线设备反接，则不能实现通信。有一些现场总线设备是不分极性的。这些设备能够自动识别极性，这类设备都是由总线供电的。当设备连接到网络时，设备内部的极性识别电路自动检测极性，将正确的信号极性引导到接收电路上。

用于现场总线的电缆类型有很多种，但一般推荐使用屏蔽双绞线。电线的允许长度与电缆的类型有关。

3. 双绞线缆的敷设

(1)穿放、布放双绞线缆：管/暗槽内穿放；线槽/桥架/支架/活动地板内明布放。

(2)制作和卡接跳线线缆；跳线制作；跳线卡接。

(3)跳线架、配线架安装。

(4)过线盒、信息插座底盒(接线盒)安装。

(5)双绞线缆测试。

**(二)同轴电线的安装**

同轴电缆的结构是由内部导体(或称中心导体)、环绕绝缘层、金属屏蔽网(外导体)和最外层的护套组成。外导体金属屏蔽网可以是密集形的，也可以是网状形的，是用来屏蔽电磁干扰和防止辐射。

1. 电气参数

1)特性阻抗：用来描述电缆信号传输特性的指标，其数据取决于同轴线内外导体的半径、绝缘介质和信号频率。

2)衰减:一般指500 m长的电缆段的衰减值。当用10 MHz的正谐波进行测量时,它的值不超过8.5 dB;而用5 MHz的正谐波进行测量时,它的值不超过6.0 dB。

3)传播速度最低传播速度为0.77 c。

4)直流回路电阻中心导体的电阻与屏蔽层的电阻之和不超过10 MD/m(在20 ℃下测量)。

2.基本类型

基带同轴电缆和宽带同轴电缆。

3.目前常用的基带同轴电缆

RG-8和RG-11粗同轴电缆,其直径近似13 mm(1/tin)。特性阻抗为50 Ω,通常用于粗缆以太网。粗同轴电缆的屏蔽层是用铜做成网状形的;RG-58细同轴电缆,其直径为6.4 mm,特性阻抗为50 Ω,通常用于细缆以太网。常用的宽带同轴电缆有RG-59同轴电缆,其屏蔽层通常是用铝箔冲压制成的,其特性阻抗为75 Ω,可用于电视传输,也可用于宽带数据网络;RG-62同轴电缆,其特性阻抗为93 Ω,用于ARCnet网络及IBM3270系统中,是网络电缆。

4.漏泄同轴电缆

漏泄同轴电缆是外导体上开有各种形式的槽或孔隙,使内部电磁波可以泄漏出来,供移动无线通信之用的一种开槽电缆。通过在大楼竖井或地下层敷设漏泄电缆,可将150 MHz频段的寻呼信号,450 MHz频段的消防或警卫用无线信号,900 MHz频段及1.8 GHz频段的蜂窝式移动无线信号及各种频率的无线局域网信号等引人到建筑物的上述区域,消除这些通信系统的弱点及死点,充分发挥出上述先进移动通信方式的功能。

5.光缆的特性参数

除IS011801标准规定的3,4,5类线外,由于信息技术的飞速发展使得用户对带宽的要求日益膨胀,对传输线路的要求也就日益提高。线缆也有超5类、6类、7类推出,大大刺激了用户对下一代铜缆系统的需求。线缆的频率带宽也增高达到100~200 MHz,支持的数据传输速率也一路飘升到1 Gbps,并在逐步向2.4 Gbps甚至更高攀升,出现了“千兆比布线系统”和“下一代的6类、7类布线系统”等概念。由此可见,尽量消除外界对系统的电磁干扰非常重要。若电磁干扰过大,会降低网络的传输速率,使误码率增加而延长网络传输时间。

**(三)综合布线系统工程安装**

1.综合布线系统概述

综合布线系统又称开放式布线系统,是依据国际标准化组织及国际电工技术委员会有关技术标准设计和架构的预布线系统,目的是适应计算机及网络传递技术的发展,以达到网络的系统化、标准化和灵活化。它既使语音和数据通信设备、交换设备和其他信息管理系统彼此相连,又使这些设备与外部通信网络相连。

(1)综合布线系统在智能控制中的主要作用:①综合布线系统是智能控制内部联系和对外通信的传输网络。②综合布线系统是智能控制中连接各种设施的传输媒介。③综合布线系统能适应今后智能控制发展需要。④综合布线系统与智能控制融合成为整体。

(2)PDS的特点 PDS采用模块化设计,因而最易于配线上扩充和重新组合。此系统采用了星形拓扑结构,并同电信方面以及EIA/TIA-568所遵循的配线方式相同。正由于它采用了星形拓扑结构的模块化设计，才使扩充系统工作变得十分方便。因为在星形结构中，工作站是由中心节点向外增设，而每条线路都与其他线路无关，因此，在更改和重新布置设备时，只是影响到与此相关的那条线路，而对其他所有线路毫无影响。另外，这种结构会使系统中的故障分析工作变得非常容易。一旦系统发生故障，便可迅速地找到故障点，并加以排除。

(3)PDS系统的构成PDS是由6个独立的子系统所组成，采用星形结构，可使任何一个子系统独立地进入PDS系统中。其中，工作区子系统是指需要设置终端设备的独立区域。水平子系统又称配线子系统。由配线电缆和光缆，配线设备和跳线组成。于线子系统又称垂直子系统。由配线设备、干线电缆组成。设备间子系统，由设备间中的电缆，连接跳线架及相关支撑硬件，防雷电保护装置等构成。管理子系统管理是指设备间的配线设备，缆线等。可用计算机管理。建筑群子系统。由综合布线、缆线、配线设备和跳线等组成。

2.综合布线系统的设计等级

智能控制系统的工程设计，应根据实际需要，选择适当型级的综合布线系统，其分级宜符合下列要求。

(1)基本型适用于综合布线系统中配置标准较低的场合，用铜芯电线组网。基本型综合布线系统配置：①每个工作区有一个信息插座。②每个工作区的配线电缆为一条4对非屏蔽双绞线。③完全采用夹接式交接硬件。④每个工作区的干线电缆至少有2对双绞线。

(2)增强型适用于综合布线系统中等配置标准的场合,用钢芯电缆组网。增强型综合布线系统配置:①每个工作区有两个以上信息插座。②每个工作区的配线电缆为一条4对非屏蔽双绞线。③采用夹接式或插接式交接硬件。④每个工作区的于线电缆至少有3对双绞线。

## 三、智能控制系统工程的实践经验和总结

### (一)初次实践创新

1.落后的精盐生产设备急需改造

天津碱厂的再制盐,生产设备直到20世纪60年代还相当简陋,技术落后,处于原始生产状态,产量低,产品质量波动较大,生产精盐的设备是盐锅、盐坑、铁锄、石轴和筛子。厂房低矮,没有通风设备,生产时盐锅、盐坑的温度高达100~300 ℃,室内温度通常在60 ℃以上,生产工人在翻滚的盐锅和灼热的盐坑上扒盐,将盐扒出来后剩下的溶液继续熬制氧化钙,待氧化钙浓度达到产品质量要求时便灌入铁桶内,劳动条件和生产环境十分恶劣,中华人民共和国成立后十多年来,生产条件虽然有了改进,加强了劳动保护,但生产设备仍然是平锅平灶,为了改变盐钙生产技术装备的落后状况,改善劳动环境和操作条件,加强环保和能源综合利用,实现现代化,厂领导决心采用先进工艺设备改变盐钙生产面貌。广大职工积极响应厂领导号召,积极开展技术革新,提出合理化建议,工程技术人员与工人相结合,探索实践,最终取得成功。

1965年,真空制盐被列为革新关键项目之一,工程技术人员与工人相结合,翻阅大量国内外有关技术资料,反复研究反复试验,进行改革工艺的设计,终于创出了天津碱厂自己的新

技术、新设备。

1969年,建成盐钙联产的日产200 t,固体氯化钙的薄膜制钙工程。

真空制盐及薄膜制钙的建成投产,取代了沿用半个世纪的平锅平炕,从而提高了产品产量和质量,节约了能源,改善了劳动环境,保护了生产工人的身心健康。

1966年,完成的真空制盐工程,彻底改变了再制盐的工作方式,生产方法实现工业化生产,提高劳动生产率,减轻劳动力度,改善劳动环境,降低能耗和生产成本提高产品质量,是首次采用电子PID调节实现真空制盐的自动控制,被天津市科委选为天津市双革展览项目展出。

2.系统工程设计与施工

盐钙车间一效加热室属于逆流式换热器,外加室用轴流泵进行强制循环,此地被调参数可以取被加热体之温度而以蒸汽流量作为调节参数,用传热量、成分、压力、液位等作为被调参数。

经过多次实验并结合操作工人的具体实践,最后又考虑到本设备蒸发罐为大沽化工厂闲置多年的老设备,为保证安全,最后确定以压力为被调参数,而以蒸汽流量作为调节参数,并选用厂内现有的电动调节阀来控制蒸汽流量。

**(二)移动式微波传输系统研制成功再次获得国家发明专利**

1.国内外首创项目

移动式装卸桥12 GHz微波监控图像传输系统在东港出入境边防检查站应用成功,已申报发明专利。

在长期使用中发现,因监控系统中的监控点使用的摄像机是安装在码头现场，目的是用来监控通过船梯的上、下船人员，因码头作业的装卸桥移动到被监控的船梯和监控摄像机之间时，监控目标被遮挡，监控中心的值班人员无法通过监控图像来监控通过船梯的上、下船人员，严重影响了监控任务的完成。

以赵宝明高级工程师为首的技术人员经过长期现场调查并进行大量试验后，发明了一种移动式12GHz微波监控图像传输方法。2002年11月在天津港东方集装箱码头投入使用，现已成功运行了一年有余，解决了监控目标被遮挡的问题。本发明的方法是将摄像机安装在装卸桥上靠海边一侧，这样摄像机随着装卸桥的移动而移动，摄像机和船梯之间没有任何遮挡物，监控目标不会被遮挡，值班人员可通过监控图像随时监控通过船梯的上、下船人员，解决了监控目标被遮挡的问题。本发明的关键问题是如何将摄像机输出的监控图像传输到监控中心，摄像机安装在移动的装卸桥上，因装卸桥不断地移动，无法采用有线方法传输监控图像，只有采用无线方法，此时无线频率的选择至关重要，为了避免与电视广播信号相互干扰，避免与各种电台频率相互干扰，经天津市无线电管理委员会批准，监控采用12 GHz微波，因12 GHz微波具有直线性传输特征，安装在装卸桥上的12 GHz微波图像发射天线与监控中心12 GHz微波接收天线相对位置会随着装卸桥的移动而变化，装卸桥上摄像机输出的监控信号无法直接传输到监控中心。若采用常规车载卫星通信方法，需要将装卸桥上摄像机输出的监控图像先传输到卫星上，再由卫星转传到监控中心，因卫星通信设备昂贵，安装困难，还要支付卫星频道占用费，用户很难接受。本发明根据卫星通信的原理，建立一个微波图像中转站，完成了移动式装卸桥 12 GHz 微波监控图像的传输，实现了东港边检站监控中心 24 小时实时监控。经一年多时间的使用证明使用效果很好，满足了边防监控的需要，进一步消除了码头死角，减少了勤务漏洞，使之每天 24 小时都能够处于监控之下，确保边防监控任务的顺利完成。

移动式装卸桥 12 GHz 微波监控图像的通信方法于 2004 年 5 月 28 日经科技查新结论为属国内外首创。

2. 移动式装卸桥 12 GHz 微波监控图像传输系统在边检站应用的意义

由于天津港沿海气候恶劣，灰尘大，煤污染很大，海水侵蚀性强，由于特殊的地理环境和恶劣天气会对监控设备造成一定程度的损毁，研制的无线监控设备在现场已连续运行了 6 年多，成功应用至今，证明该设备质量好，技术性能稳定，也与技术人员的工作能力有直接的关系。

天津边检站建立监控系统的目的是进一步消除码头巡查勤务的死角，提高码头控制能力，加大打击偷渡活动的力度，维护正常的口岸出入境秩序，而该目的通过努力已达到。

天津港各边检站电视监控系统的建立对各辖区码头的控制能力进一步加强，使之 24 小时都处于监控之下，确保各项工作顺利完成，达到预期效益。

为了适应监护改革后一线执勤工作的实际需要，坚持走科技强警之路，在天津港 3 个各边检站先后建立电视监控系统，尤其是移动式装卸桥 12 GHz 微波监控图像系统的应用成功，有效地弥补了巡查的空当，减少了勤务漏洞，节省了警力，减少了执勤人员，充分体现科技建警，科技强警，增强守卫国门，打击违法犯罪活动的能力。先后发现和查处了多起违法违规案件,为维护口岸的正常出入境秩序发挥了重要作用。

3.产品研发背景

中国东港出入境边防检查站担负着天津港出入境边防检查工作,由于其各监控点离监控中心较远,又十分分散,且周围有许多高层建筑,根本无法敷设光缆或电缆。鉴于该站位于这种特定地理环境下,首次实现了采用无线监控设备完成监控任务,结束了由人站在轮船梯口值勤的历史,得到各级领导部门的认可和赞扬,边防检查站称之为"电子警察",并于1999年11月和2004年于《今晚寸勋上分别刊登报道。

在使用过程中发现一个问题,即边防值班人员是在监控中心通过安装在码头现场的摄像机输出的图像来监控通过船梯的上、下船人员,因在码头作业的装卸桥移动到被监控的船梯和监控摄像机之间时,监控目标被遮挡,监控中心的值班人员无法再通过监控图像来监控通过船梯的上、下船人员,严重影响了监控效果。

O REFERENCES

[1]敖志刚.人工智能及专家系统[M].北京:机械工业出版社,2010.

[2]蔡自兴.智能控制导论[M].北京中国水利水电出版社,2007.

[3]董海鹰.智能控制理论及应用[M].北京:中国铁道出版社,2016.

[4]葛宝明,林飞,李国国.先进控制理论及其应用[M].北京:机械工业出版社,2007.

[5]郭广颂.智能控制技术北京[M].北京:北京航空航天大学出版社,2014.

[6]高新民,张文龙.自主体人工智能建模及其哲学思考[J].自然辩证法研究,2017,33(11):3-8.

[7]韩璞.智能控制理论及应用[M].北京:中国电力出版社,2012.

[8]李兵兵,伍维根,谢永春.智能控制理论在电力电子中的应用[J].科技创新与应用,2018(35):170-172.

[9]李诚.拟人智能控制理论研究与应用[D].北京:北京航空航天大学,2005.

[10]李国勇.智能控制及其Matlab实现[M].北京:电子工业出版社,2005.

[11]李人厚,王拓副.智能控制理论和方法 [M].2版.西安:西安电子科技大学出版社,2013.

[12]李士勇,李研.智能控制[M].北京:清华大学出版社,2016.

[13]刘保相.关联规则与智能控制[M].北京:清华大学出版社,2015

[14]刘金现.智能控制(第3版)[M].北京:电子工业出版社,2014.

[15]卢世健.刍议智能控制理论的发展及应用[J].计算机光盘软件与应用,2014,17(16):37–38.

[16]王顺晃,舒迪前.智能控制系统及其应用[M].北京:机械工业出版社,2005.

[17]王耀南,孙炜.智能控制理论及应用[M].北京:机械工业出版社,2008.

[18]邢英楠.智能控制理论与系统应用[J].卷宗,2018(30):185.

[19]赵宝明.智能控制系统工程的实践与创新代[M].北京:科学技术文献出版社,2014.

[20]张凯.网络化制造环境下机械设备自动控制的运用[J].电子技术与软件工程,2017(19):113.